中国科学院老科学家科普演讲团　组织编写

讲给孩子的 科学大师课

探秘月球

白武明　主编

石磊　执行主编

石磊　著

北京出版集团

北京少年儿童出版社

图书在版编目（CIP）数据

探秘月球 / 石磊执行主编；石磊著. — 北京：北京少年儿童出版社，2023.6（2024.5重印）
（讲给孩子的科学大师课 / 白武明主编）
ISBN 978-7-5301-6437-2

Ⅰ．①探… Ⅱ．①石… Ⅲ．①月球探索—少儿读物 Ⅳ．①V1-49

中国版本图书馆 CIP 数据核字（2022）第193957号

讲给孩子的科学大师课

探秘月球

TANMI YUEQIU

白武明　主编

石磊　执行主编

石磊　著

*

北　京　出　版　集　团
北 京 少 年 儿 童 出 版 社　出版
（北京北三环中路6号）
邮政编码：100120

网　　址：www．bph．com．cn
北 京 少 年 儿 童 出 版 社 发 行
新　华　书　店　经　销
雅迪云印（天津）科技有限公司印刷

*

787毫米×1092毫米　16开本　8.75印张　90千字
2023年6月第1版　2024年5月第3次印刷
ISBN 978-7-5301-6437-2

定价：38.00元

如有印装质量问题，由本社负责调换
质量监督电话：010-58572171

航天科普作家：石磊

　　小时候的她，是个喜欢胡思乱想的孩子。有一次，她在白天放飞了几个气球，晚上仰望一轮明月，她就想，是不是月亮比气球还要轻，所以它能飞上天？后来她知道了牛顿看见苹果落地的故事，她又在想那月亮什么时候落地呢？

　　带着孩童时代的好奇心，成年之后的她，走进了航天事业的殿堂，当了一名航天领域的专业记者。她像饥饿的人扑在面包上一样，向书本学习，向专家学习，在月球探测工程的采访实践中学习。孩童时代的异想天开无形地推动着她，在中国航天 30 多年的工作实践中，她一次次地提问，一次次地求解。好奇心终于成就了她，她把自己解疑释惑的认知用通俗幽默的语言写出了 30 多本书，让读者跟她一起见证太空探索的博大与精深，见证中国航天事业的艰辛与辉煌。你看到的这一本，便是其中的一本。

　　中国对月球、对火星，乃至对浩瀚宇宙的探索之路还很长，她的航天科普写作之路也将继续延伸。

目 录

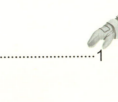

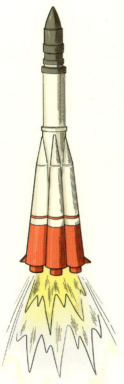

中国科学院老科学家科普演讲团　简介

引子 月球什么味道？

　　夜晚，动物园里的游客全走了，管理员们也下班了，动物们终于自由了。它们纷纷走出笼门，在院子里闲逛。

　　一轮明月照亮了院子，动物们坐在地上仰望着美丽的月亮，突然一种想家的感觉涌上了它们的心头。小海龟哭了，它想到了大海；长颈鹿哭了，它想到了非洲草原；大象也哭了，它想到了亚洲丛林……长臂猿为了调节气氛，伸出长长的臂膀说："别伤心了，我把月亮拽下来给你们尝尝吧！"

　　是呀，月亮是什么味道？甜的还是咸的？为什么见到它会想家呢？真想尝一小口啊！大家望着月亮，等待着长臂猿把月亮拽下来。

可是呢，不管长臂猿怎么伸长了胳膊，伸长了腿，总也够不着月亮。大象走过来说："我来试试。"它把长长的鼻子拼命向高处甩去，可是月亮却爬升到了更高的地方。长颈鹿也走了过来，说："我个子高，让我试试。"眼看长颈鹿的嘴就要咬到月亮了，可是月亮一蹦，又跳高了一截。聪明的小松鼠爬到了长颈鹿的头上，它使劲向上一蹿，先用蓬松的大尾巴压住了月亮，然后狠狠地咬了一大口。一大块月亮把松鼠的嘴巴塞得鼓鼓的。小松鼠把月亮送给动物们分享，大家都觉得，这是它们吃过的最好吃的东西。至于味道嘛，众说纷纭，有的说是甜的，有的说是咸的，还有的说是麻辣的……

至于理由嘛，也众说纷纭，有的说我吃的时候正想家呢，感觉味道是甜的；有的说我吃的时候正在流泪思念父母和亲朋好友，所以感觉味道是咸的；但是小松鼠说咬月亮的时候，清楚地嗅到了月亮大麻脸上有股麻辣味……

月亮究竟是什么味道呢？

有一天，动物园里来了一批大名鼎鼎的人物，动物们偷听了他们的闲聊。

来自意大利帕多瓦大学的教授伽利略先生，得意地炫耀着自己制成的望远镜："就是用这个家伙，我看到月球像个'蹩脚厨师烘烤出来的麻点蛋糕'。"（动物们：啊？蛋糕味。）

来自美国"阿波罗"8号的航天员洛弗尔说："我在距离月球60英里（约为96千米）的地方看到的基本上是一片灰暗，像是熟石膏，又像海滩上一种浅灰色的沙子。"（动物们：啊？石膏味、沙子味。）

另一名航天员博尔曼说："它真的像一块被上百万颗子弹射击过的灰色钢板。"（动物们：啊？钢板味。）

权威人士登月航天员奥尔德林说："啊，壮丽的荒凉！"（动物们：啊？荒凉味。）

"不对！"第一个登月航天员阿姆斯特朗反驳说，"你忘了？咱们进入返回舱从月面返回脱下了航天服头盔时，闻到的是壁炉中被水浇湿的灰烬味，也像用过的火药味。"（动物们：啊？灰烬味、火药味。）

动物们彻底晕了，一个简单的问题把平静的生活打乱了，以至于每到夜晚，当那个圆圆的盘子挂上树梢时，关于它的味道的争论就开始了，喋喋不休，一直吵了几百年。

哎呀！谁能让它们安静点呀！

一 全世界只有 12 个人玩过的球

我们的头顶有一个神秘的大球，地球人始终对它有一种难以言表的眷恋之情。千百年来这个球吸引着无数人去探索和发现它的秘密。然而，至今只有 12 个人玩过这个球。

猜猜这个球是什么球？

哈哈，是月球！

◀ 人类在月面上留下的第一个脚印

1 12 个玩球的人都是谁

从 1969 年 7 月至 1972 年年底，美国先后发射了 7 艘"阿波罗"号载人飞船，共有 12 名航天员成功登上月球（其中"阿波罗"13 号飞船因故障未能登月），在月面开展了一系列考察工作，包括采集月壤和月岩标本、在月面安装科学考察仪器、驾驶月球车等。他们在月面共停留了 302 小时 20 分钟，行程 90.6 千米，带回 381.7 千克月壤和月岩，拍摄了大量月面照片，亲眼看到了月球的真实面貌。

这 12 名"球员"就是他们：

1969-07-20

"阿波罗" 11 号飞船
登月航天员
尼尔·阿姆斯特朗
巴兹·奥尔德林

1969-11-19

"阿波罗" 12 号飞船
登月航天员
皮特·康拉德
艾伦·比恩

1971-02-05

"阿波罗" 14 号飞船
登月航天员
艾伦·谢泼德
埃德加·米切尔

1971-07-31

"阿波罗" 15 号飞船
登月航天员
大卫·斯科特
詹姆斯·艾尔文

1972-04-21

"阿波罗" 16 号飞船
登月航天员
约翰·扬
查尔斯·杜克

1972-12-11

"阿波罗" 17 号飞船
登月航天员
尤金·塞尔南
哈里森·施密特

2 这个球玩得实在很辛苦

去往月球，是当下人类最远的一场"旅行"。由于人在月球上的重量只有地球上的 1/6，所以航天员在月面行走时，感觉自己轻飘飘的，每迈一步都如同电影上的慢动作。如果像在地球上一样走，就很容易重心不稳，经常会摔个"大马趴"。后来，航天员发现，用单脚跳跃的方式前进不易摔跤，再后来又改用"袋鼠式"双脚跳跃，这样行走既快又可以减少体力消耗。不过，这种跳跃行走的办法，可不是航天员在地面训练时就事先想好的，而是他们在月面上急中生智"创造"出来的。

航天员在月面上铲月壤、挖月岩、拍照片、安装各种考察仪器，工作很辛苦。幸好，1971 年 7 月，"阿波罗" 15 号飞船带来了月球车，航天员可以在月球上驾车考察，大大节省了体力。

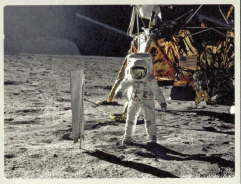

⬆ "阿波罗" 11 号航天员
安装太阳风收集器

⬆ "阿波罗" 11 号航天员
安装月震仪

⬆ "阿波罗" 12 号航天员
检查和拆卸探测器上的摄像机

⬆ "阿波罗" 17 号航天员
在月面铲月壤

⬆ "阿波罗" 17 号航天员
考察月岩

⬆ "阿波罗" 17 号航天员
钻取月岩

3 这个球长啥模样

　　"阿波罗"11号飞船指令舱驾驶员柯林斯在飞临月球时说："我早已司空见惯的月球——那个挂在天空中的黄色小圆盘，已不知跑到哪里去了，取而代之的是一个我所见到过的最令人望而生畏的星球，它明目张胆地用鼓起的'肚皮'朝向我们。"

　　第一个踏上月球的航天员阿姆斯特朗站在月面上说出了"个人的一小步，人类的一大步"的名言，却想不出适当的词句来形容脚下的月球，还是他的同伴奥尔德林帮他摆脱了尴尬，奥尔德林感叹道："啊，壮丽的荒凉！"

　　这个球长得真是难看，满眼幽深灰暗，到处怪石嶙峋，遍地大坑小坑。

　　月球是典型的"疤痕性体质"，它满身满脸皆为坑洼，疮疤遍野，伤痕累累。月球疤痕的主要地形是盆地、高地和撞击坑。

↑令人恐怖的月面撞击坑

盆地指的是月海，它比月球的平均水准面低 1～4 千米，大多呈不规则形状，四周被一些山脉封闭，好似地球上的盆地，也有几个海连成一片的大盆地。最大的月海是风暴洋，面积约 500 万平方千米。

↑ 月球上遍地大坑小坑

高地是指月球表面高出月海的广大地区，一般高出月球平均水准面 2～3 千米，它们对阳光的反射率较大，因此用肉眼观看显得洁白发亮。在月球正面，高地的总面积与月海的总面积大体相等；而在月球背面，则高地面积要大得多，而且与低地的高度差也很大。高地比月海更为古老，受到的撞击更为严重，撞击坑的密度也比较大。

撞击坑是遭受陨石撞击后而形成的环形的凹坑。由于撞击的时间有早有晚，因此有很多大坑里套着许多大小不一的小坑和老坑套着新坑的现象。

月球表面直径大于 1000 米的撞击坑（大的称环形山，小的称月坑）有 33000 个以上，直径大于 1 米的撞击坑多达 3 万亿个！要想数清楚它们可不是一件容易的事。撞击坑的总面积约占月球表面积的 7%～10%。月球正面最大的撞击坑是贝利坑，直径达 295 千米，深 3960 米，面积可以装下我国海南岛。

4 你知道和不知道的月球

月球是一个神奇的地方，它的每一块砂石、每一道山谷都隐藏着难解的密码。古往今来，地球人对这个通常白天隐身、夜晚亮相，距离自己最近的天体充满了好奇。自从现代科学掀开了月球的闺帘以来，人们发现自己对月球既熟悉又陌生。不信？你看……

● 体重

如果给月球称体重，示数可达 7350 亿亿吨，但这仅占地球体重的 1/81。

● 姓名

除了月球、月亮，它还有很多你不知道的别名：太阴、桂宫、蟾宫、广寒、婵娟、玉钩、玉轮、冰壶、冰鉴、悬钩、金波、秋影……

● 年龄

生于 46 亿年前，死于 20 亿年前，享年 26 亿岁。它内部的能量已近衰竭，不再有火山和地质活动。

体形

月球是一个南北稍扁、赤道略鼓的扁球体，两极半径比赤道半径短约 4 千米。月球的平均直径为 3476 千米，相当于地球直径的 1/4，月球的体积只有地球的 1/49。

体温

由于没有大气层，月球上白天和夜晚的温度呈现冰火两重天的状态。白天受阳光照射之处，温度可达 130℃ ~ 150℃；而在夜晚或在阳光照射不到的地方，温度又会低至 -160℃ ~ -190℃，最高温和最低温相差超过 300℃。

"减肥"者的天堂

月球表面的重力加速度约为地球表面的 1/6，这意味着如果一个人在地球上称体重显示 60 千克，到月球上就只显示 10 千克了，但这只是表面上"减肥"成功，实际上质量可没变。

跳高乐园

由于月球表面的重力加速度小，如果一个人在地球上可以跳 2 米高，在月球上就能跳过 12 米的横杆。

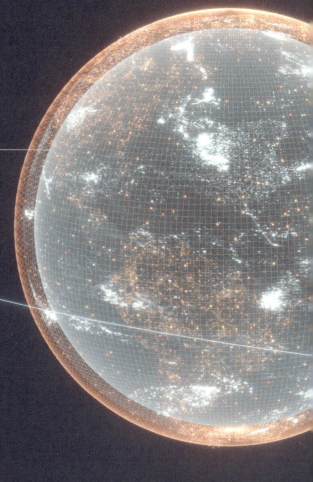

● 没有一天不迟到

月球围绕地球逆时针运转，绕地球一周的时间约等于地球上的 27 天。由于地球自转，我们每天可以看到月球东升西落，不过月球每天升起的时间都比前一天平均推迟约 50 分钟。

● 给点阳光就灿烂

月球擅长反射太阳的光，平均反射率为7%。月面上不同地方的阳光反射率相差很大：月海的反射率仅有6%，所以显得黝黑；而月面高地的反射率可达17%，从地面上看分外明亮。

● 当面一套，背后一套

由于月球自转的周期恰好等于它绕地球公转的周期，我们在地球上永远只能看到月球的正面，月球的另一半总是背向地球。

● 月有阴晴圆缺

由于太阳、地球、月球三者的相对位置随着月球绕地球运行而变化，在地球上看到的月球就有了月圆月缺的景观，即月相的更迭。

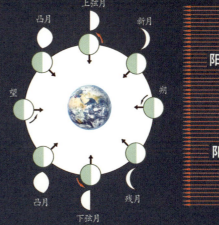

月球位于太阳、地球之间时称为"朔"，月球暗的半边朝向地球，我们看不到它；朔之后的一两天，镰刀状的新月在西方的天空中出现，凸面向着落日的方向，以后月球相对于太阳逐渐向东移动，亮的部分日益扩展，五六天以后成了半圆形，这时的月相称为"上弦"；日落时月球在天球子午线附近，再经过7天，便到了满月，称为"望"；满月以后，圆轮的西部日益亏缺，呈半圆形，称为"下弦"。最后看到的钩月，就是残月了。

太阳风

电磁辐射

静电抛起的月尘

静电抛起的月尘

流星体

● 逆来顺受，弱不禁风

　　由于没有大气层的保护，月球的抵抗力相当差，各种小天体可以长驱直入，砸向月球，宇宙间的各种辐射也可以毫无阻拦地直接到达月球表面，并与月壤相互作用。

　　月球所受到的主要辐射源有三种：太阳风、太阳宇宙线和银河宇宙线。其中太阳风对月球的影响最重要。太阳风发源于高温日冕，当高温日冕的温度使热等离子体超过太阳引力对它的控制时，太阳风便从各个方向发射出去，太阳风 95% 以上的成分是电子和质子。太阳宇宙线主要是来自太阳耀斑活动产生的间歇性高能粒子流，其主要成分是高能质子。银河宇宙线指来自太阳系以外的银河系的高能粒子。强烈的辐射环境不仅会对月球探测器产生损害，也会对人体产生致命伤害。

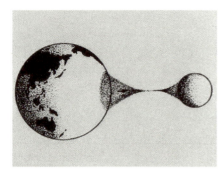

↑ 分裂说

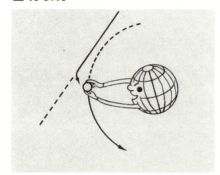

↑ 俘获说

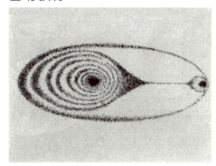

↑ 同源说

● 身世不明不白

关于月球究竟是怎么形成的，科学家提出了各种假说，其中有代表性的是下面4种：

分裂说 ——月球是从地球上甩出去的"肉"；

俘获说 ——月球是地球抢来的"媳妇"；

同源说 ——月球是地球的"双胞胎兄弟"；

大碰撞说——月球是从地球上被砸跑的"难民群"。

随着理论模型的逐步完善以及证据的不断增加，分裂说、俘获说和同源说逐渐漏洞百出，不能自圆其说，而大碰撞说则有了更多依据，因此，科学界现在比较认可大碰撞说。

大碰撞说认为，大约在45亿年前，太阳系形成后，宇宙中发生了一场突如其来的"交通事故"。一颗火星大小的原始行星撞击了地球，两者撞击时溅射出大量的岩石碎片和尘埃，它们被抛到地球轨道周围，经过一段时间的相互碰撞、吸积和凝结，逐渐演变，形成了和地球形影不离的忠实追随者——月球。

目前，月球是一个古老的僵死的天体，其内部的能量已经衰竭。近20亿年以来，月球上没有出现过显著的火山活动和构造运动，它的生命时钟停在了20亿年前。现在的月球是一具保存完好的天体"木乃伊"。

➡ 大碰撞说

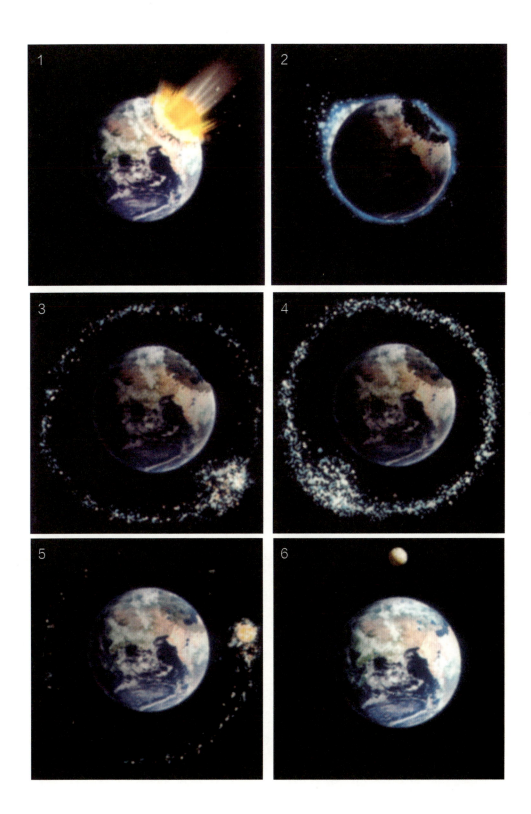

月光为什么很美?

深远的夜空,月球洒下碎银般的月光,给人以无限想象的空间。

从地球上看,月球是太空中除太阳之外第二明亮的星体,但实际上月球自己并不发光,它之所以亮是因为能够反射太阳光。天文学上用星等表示天体的亮度,星等数越小,表示天体越亮。我们在地球上看到的满月的亮度为 -12.7 等,太阳的亮度是 -26.8 等,金星最亮时可达 -4.4 等,肉眼可见的最低亮度为 6 等。月光大致与夜间看到的 21 米外的 100 瓦电灯的亮度相当,在地球大气层的作用下,这种光正好给人一种朦胧、温柔的诗一般美妙的感觉。

↑ 美丽月夜

惊人的相似

1865 年，法国科幻作家儒勒·凡尔纳在小说《从地球到月球》中，绘声绘色地描述了地球人向月球进发的探险历程。故事发生在美国南北战争以后，巴尔的摩城的一个炮兵俱乐部异想天开地制造了一座炮筒长达 270 多米的巨型大炮，用它来发射登月飞船。造炮和发射地点在美国佛罗里达半岛西边的坦帕城，登月飞船是一枚被掏空的炮弹，名为"哥伦比亚号"。凡尔纳设想大炮

↑ 儒勒·凡尔纳

以 11 千米每秒的速度把炮弹飞船送上月球。炮弹飞船里乘坐了 3 名探险家，原定 4 天飞抵月球，但不幸的是，炮弹飞船在接近月球时，突然遇到流星的阻挠而偏离轨道，未到达月面，变成了围绕月球旋转的新星。

100 多年后，美国"阿波罗"11 号登月成功。人们重读《从地球到月球》时，发现凡尔纳的设想与"阿波罗"登月的实际情况存在惊人的相似！"阿波罗"飞船的发射地点在佛罗里达半岛东边的肯尼迪航天中心，与坦帕城在同一纬度上，东西距离相隔不远；飞船里同样乘坐了 3 名航天员；火箭正是以 11 千米每秒的速度飞出地球；而从地球到达月球的时间——4.3 天，也和凡尔纳预计的 4 天相差无几；更加不可思议的是，"阿波罗"11 号登月飞船的指令舱也叫"哥伦比亚"。

↑ 凡尔纳《从地球到月球》封面

↑ 真实的奔月用的是"土星"5 号火箭和"阿波罗"飞船

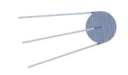

二 谁给月亮毁了容

　　"床前明月光，疑是地上霜""海上生明月，天涯共此时""露从今夜白，月是故乡明""明月松间照，清泉石上流""鸟宿池边树，僧敲月下门"……

　　月亮在古人的心目中一直是美好的象征，人们把它称作"白玉盘""瑶台镜"。每到夜晚，它洒下碎银般的柔光，抚慰人们的心灵，寄托人们的乡思。

　　直到 17 世纪初，月亮有烦恼了，原来有人把它娇媚的脸庞"毁了容"。

1 天哪，它竟然是个大麻脸

1609 年，意大利科学家伽利略用自制的可放大 30 多倍的望远镜，首次看到一个布满坑谷的真实月亮。

天哪，月亮竟然是个大麻脸！从此，它娇媚的形象被彻底颠覆。

伽利略告诉朋友，他用望远镜看到的月球像"孔雀尾巴上的圆斑""蹩脚厨师烘烤出来的麻点蛋糕"。后来他对月球做了精确的描述："月球是一个崎岖不平的世界，月面上到处都是凹坑和突出物，月球上的斑点是些环形山，这恰似我们地球本身，由于巍然耸立的山脉和幽深的峡谷而处处不尽相同。"

美丽？丑陋？在你的心目中，哪一个是真实的月亮？

↑ 伽利略

↑ 伽利略绘制的月面图

24

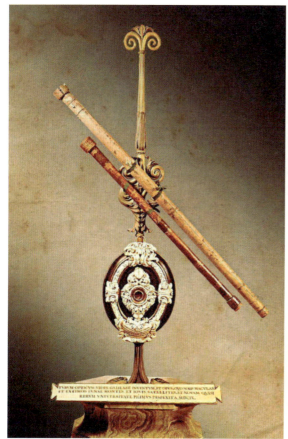

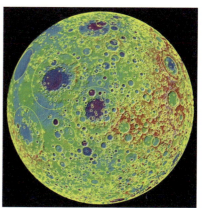

↑ 伽利略用望远镜看见了真实的月球

↑ 伽利略自制的望远镜

↑ 月球上的环形山密密麻麻

月球上的山脉

　　月球上的山脉大多数是以地球上的山脉命名的，如高加索山脉、亚平宁山脉、阿尔卑斯山脉、朱拉山脉、喀尔巴阡山脉等。月球上正式命名的山脉有48座，高度超过4000米的山峰有80座，高度超过5000米的山峰有20座，高度达6000米以上的山峰有6座。

　　月球上最长的山脉叫亚平宁山脉，长1000多千米，许多山峰高达4000多米；最高的山脉是位于月球南极附近的莱布尼茨山脉，其主峰高达9000米，比地球上的珠穆朗玛峰还要高。

2 谁给月球地貌起了名

就像地球上有地名一样，月球上也有月面地名。

1610 年，意大利科学家伽利略首次给月球地貌命名，他把月面上最明显的高地用他家乡的亚平宁山命名。

↑ 乔万尼·里乔利

1651 年，意大利天文学家乔万尼·里乔利出版了一本书《新天文学大成》，他在书中画了一幅直径 28 厘米的月面图，首次将月面的暗区称为海，将撞击坑称为环形山。

极富想象力的里乔利给月海赋予了浪漫的名字：雨海、静海、酒海、虹湾、风暴洋等。他还突发奇想，以著名的科学家和哲学家的名字命名环形山以示永恒的纪念，于是那些撞击坑就有了阿基米德环形山、柏拉图环形山、亚里士多德环形山、卡西尼环形山、高斯环形山、开普勒环形山等名字，当然他也给自己留了一座里乔利环形山。

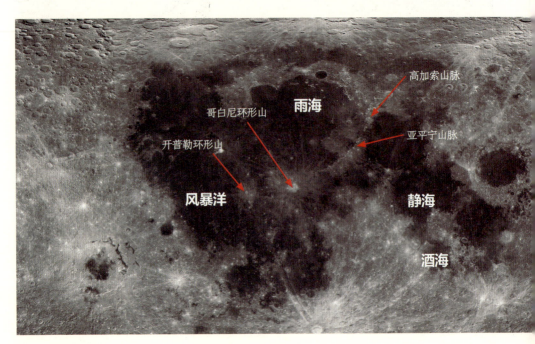

↑ 月球上的地名

➡ 图下方那个放射性条纹最显眼的就是第谷环形山

除了月海和环形山之外，里乔利还将亚平宁山脉中最高的山命名为惠更斯山，将月球南极附近的一座山脉命名为莱布尼茨山脉。里乔利命名的 200 多个名称和他创立的以历史名人给月球地貌命名的方法一直沿用至今。

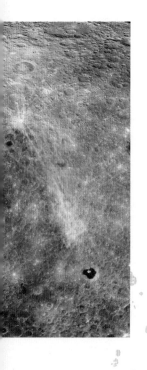

但里乔利的命名过于随心所欲，掺杂了许多个人的好恶，他很讨厌哥白尼提出的"地球绕着太阳转"的日心说，但哥白尼毕竟是个伟大的科学家，怎么着也得给他留一个坑，于是哥白尼被里乔利"扔"进了风暴洋，寓意是让哥白尼去享受月球上的风暴。他也不喜欢伽利略，于是伽利略被他发配到了位于风暴洋边缘的一个很不起眼的小撞击坑。而他喜欢的那些科学家则得到了很好的位置。比如托勒密就得到了一个巨大且内部十分平坦的撞击坑，这就是托勒密环形山。里乔利最喜欢丹麦天文学家第谷·布拉赫，所以在月球南半球高原上，那个辐射纹最明显、最引人注目的环形山，便以第谷命名。

继伽利略和里乔利之后，世界上有很多天文学家也加入了给月球地貌命名的大军，但问题随即而来。首先，由于大家沟通不畅，出现了重复命名的混乱局面。其次，以个人好恶来命名，有违平等的原则。所以，天文学界必须要有一个权威机构来主导月球地貌命名的工作。

1919年，国际天文学联合会（简称 IAU）在比利时布鲁塞尔成立，这是世界各国公认的权威天文学术组织，拥有对各行星和卫星命名的权力。1935年，IAU 对月球的命名实行了标准化的管理，并成立了"国际月面地名命名委员会"，相继对月面地名进行了整理和确认，之后得到了最初的月球地名表。而在随后的几十年时间中，经过 IAU 的不断完善和改进，逐步形成了一套完整的月球地名命名体系。

IAU 的月球地名词典共对月球上的 18 种地貌进行了命名，这些地貌是：反照率特征点、坑链、环形坑（也称环形山）、山脊、月沟、月湖、月球着陆点、月海、月洋、山脉、月沼、平原、海角、月溪、峭壁、卫星坑、月湾和月谷。

⬆ 国际天文学联合会

知识链接

如何给月球的地貌起名字？

给月球地貌起名有两种途径：一种是由官方编订，即由 IAU 的行星命名小组给月球的主要地貌起名；另一种是个人或组织因科研需要，向 IAU 的国际月面地名命名委员会提出申请，申请通过后，将被提交给 IAU 的行星命名小组。如果命名方法与惯例不同，还将被提交给 IAU 的会员大会。

⬇ 月球地名来源分布：欧洲人最早通过望远镜观测月球，他们主导了最初的月球地貌命名权

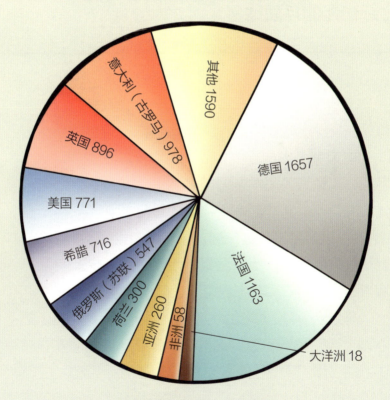

数据来源：国际天文学联合会
统计时间截至 2019 年 7 月 17 日

3 好奇怪的月面地名

　　人类初识月球时靠的是肉眼和简单的望远镜，当时的人们以为月球上大片深色的地方是汪洋大海，零散的小片暗区则与地球上的江河湖泊相似，而月球上亮一些的地方是高山峭壁。

　　随着观察手段的提高，人们发现月球上的山脉、平原、峭壁、环形山与地球上相应的地貌差不多，但海、潮、溪、湾、沼、泽等，凡是名字中带三点水偏旁的，全都名不符实，没有一点水！更搞笑的是，风暴洋里没有风暴，雨海没有雨水，澄海没有颜色，湿海没有湿地，虹湾看不见彩虹，酒海里连一滴酒也没有……无奈这些名称已经广为流传，后人也只好姑且叫之。

　　截至 2021 年年底，月球上已有 9034 个地理实体名称，其中包括 7100 多个卫星坑。卫星坑指的是围绕在大的环形山旁边的小的环形山，这些卫星坑一般是在大环形山的名字上附加 A、B、C、D 来命名。

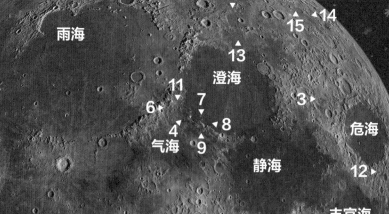

冷海 10

雨海

冷海 10

澄海 13

11

雨海

风暴洋

6 7

4 8

气海 9

静海

危海

丰富海

12

酒海

17 1

2

湿海

云海

5 16

17	16	15	14	13	12	11	10	9	8	7	6	5	4	3	2	1
斯贝湖	梦湖	索尼托蒂尼斯湖	帕斯伊凡蒂湖	奥蒂	奥波费里斯湖	死湖	努克里湖	勒里斯塔迪斯湖	海默里斯塔迪斯湖	伽第湖	菲里斯塔迪斯湖	埃克斯里湖	多洛里斯迪斯湖	波里塔迪斯湖	秋湖	夏湖

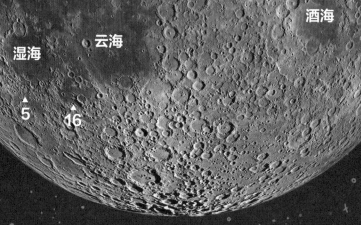

　　月面上有 22 个月海，其中 19 个位于月球的正面，只有 3 个在月球的背面，而且大小相差悬殊，正面最大的月海——风暴洋直径达 1740 千米，而背面最大的莫斯科海直径仅为 250 千米。月球背面 3 个月海的总面积与月球正面的第四大月海——澄海的面积相当。

　　月湖是对面积较小的月海的称呼，约有 20 个，常以春

3 智慧海
2 东方海
1 莫斯科海

夏秋冬等与时间相关，或以喜怒哀乐等与情绪相关的词语来
命名，因此有春湖、冬湖之称，也有喜悦湖、悲伤湖、恐惧湖、
温柔湖之谓。最大的是梦湖，面积约 7 万平方千米。

月海伸向月陆的部分称为湾或沼，呈三面环山状。月湾
有 11 个，大的月湾有露湾、暑湾、中央湾、虹湾和眉月湾
等 5 个，都在月球的正面。月沼有 3 个：腐沼、疫沼和梦沼。

4 住在月球上的中国人

目前，有1500多位世界著名人物"住"在月球上（月球环形山用他们的名字命名），他们大多都是外国人，其中也有18位中国人，他们分别是：祖冲之、郭守敬、石申、张衡、万户、嫦娥、景德、宋梅、万玉、高平子、蔡伦、毕昇、张钰哲、裴秀、沈括、刘徽、宋应星、徐光启（其中景德、宋梅、万玉为英文音译，所指不详）。

此外，月球上还有12个中国地名：广寒宫、紫微、天市、太微、织女、河鼓、天津、天河基地、泰山、华山、衡山、天船基地。再加上几个同名卫星坑，月球上一共有35个中国名字。

嫦娥

🔗 知识链接

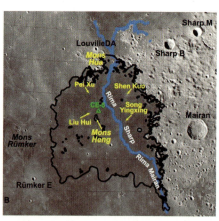

2021年5月19日，经IAU批准，"嫦娥五号"在月球正面风暴洋中吕姆克山脉以北地区的着陆点，被命名为天船基地；着陆点附近5个环形坑命名为裴秀、沈括、刘徽、宋应星和徐光启；着陆点附近两座山脉分别命名为华山和衡山。

祖冲之

郭守敬

石申

张衡

万户

高平子

蔡伦

毕昇

张钰哲

裴秀

沈括

刘徽

宋应星

徐光启

5 月球上真有广寒宫

　　2016 年 1 月 4 日，经国际天文学联合会批准，将我国"嫦娥三号"着陆器和"玉兔号"月球车勘探过的周边方圆 77 米的区域，命名为"广寒宫"。神话中的"嫦娥"（着陆器）和"玉兔"（月球车）在"广寒宫"（着陆点）真的相聚了。IAU 还将附近 3 个小月坑分别命名为古代星宿"紫微"、"天市"和"太微"。鉴于国际天文学联合会对直径和长度小于 100 米的月坑不做命名，因此广寒宫内还有一些微小月坑便由我国自行命名，作为国际天文学联合会的推广命名。

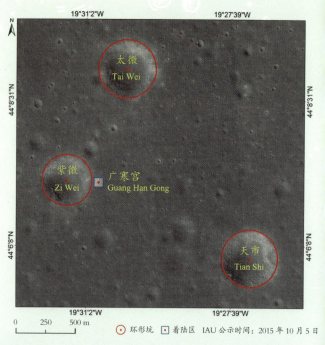

⬆ "嫦娥三号"着陆区获批命名的月球地理实体

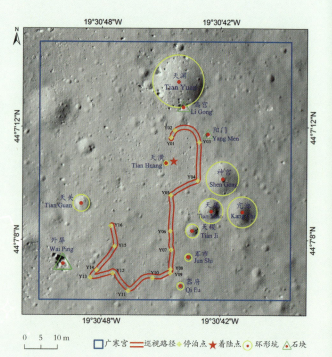

⬆ "广寒宫"内推广命名的月球地理实体

↑ 泰山影像图

↑ 织女坑影像图

↑ 河鼓坑影像图

↑ 天津坑影像图

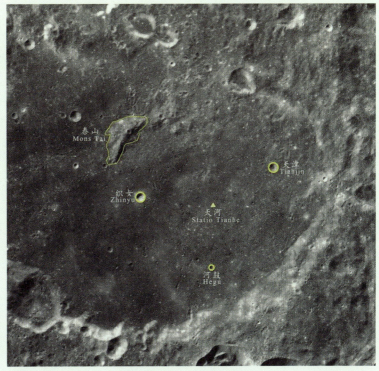

↑ "嫦娥四号"着陆区地理实体命名影像图

👁 瞪大眼睛

去"天津"要坐火箭了

　　此"天津"非彼天津也。

　　2019 年 2 月 15 日，经国际天文学联合会批准，我国"嫦娥四号"探测器着陆点被命名为"天河基地"。天河是中国古代对银河的一种别称，在中文里有"开创天之先河"之意。着陆点所在的冯·卡门环形山内的中央峰，被命名为"泰山"。同时，着陆点周围呈三角形排列的 3 个小环形坑分别被命名为"织女"、"河鼓"和"天津"。这些名称都是古代天文星图中的星官，它们分别位于现代星座的天琴座、天鹰座和天鹅座，3 个星座所包含的最亮的恒星分别为织女星、牛郎星和天津四，它们构成了著名的夏季大三角。

　　"天津"作为古代星官，其寓意为"银河渡口、跨越银河的桥梁"，在神话传说中是护送牛郎织女会面的仙女。

　　所以，你如果想去"天津"旅游，不乘坐火箭怎么能到呢？

三 探月竞赛 鸣枪起跑

　　半个多世纪以来，苍凉的月球一直是世界各国争相探索的领域。月宫舞台热闹非凡，美苏两国你方唱罢我登台，从 1958 年至 1976 年的 18 年间，美苏两国一共发射了 108 枚月球探测器，其中 52 枚成功。

　　月球探测活动经历了探测器远距离飞越、硬着陆、软着陆、绕月飞行、登陆月球、载人登月等 6 个阶段。在前 5 个阶段里，苏联一直遥遥领先于美国，在无人月球探测领域里创造了许多个第一，但在最后的载人登月阶段，美国捷足先登，至今月球上只留下了 12 名美国航天员的脚印。

➡ 苏联首个无人月面采样返回的"月球"16 号探测器

↑ 美国"土星"5号火箭

1 谁先靠近月球身旁

「月球」2号探测器 ⬇

　　苏联的"月球"1号探测器，是人类历史上首个成功探测月球的航天器，它于1959年1月2日飞向月球。苏联科学家本想让它撞向月球，但由于计算失误，经过约2天的飞行，它从距月球约6000千米处与之擦肩而过，进入了一个绕日飞行的轨道。飞行途中，它测量了月球和地球的磁场、宇宙射线的强度和太阳风，首次发现月球的磁场几乎为零。

　　首次击中月球的是苏联的"月球"2号探测器。它于1959年9月12日飞往月球，9月14日高速撞向月球"雨海"以东的表面，这是人造物体第一次降落在月球上。它"牺牲"前，向地球发回重要的数据，证明月球没有磁场和辐射带。

　　"月球"2号上装有两个类似足球的72面体球形纪念品，中心的五边形有苏联的国徽，其他每个面上都有"CCCP"（苏维埃社会主义共和国联盟的俄文简称）和"1959"的字样。撞击前，球体被引爆，72片五边形像礼花一样向四面八方迸射，最后落于月面。

⬆ "月球"1号探测器

◀ 1959年，苏联领导人赫鲁晓夫送给美国总统艾森豪威尔"月球"2号携带的球形纪念品模型

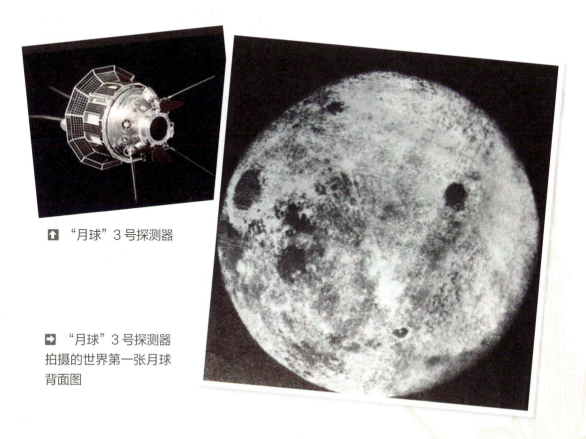

↑ "月球"3号探测器

➡ "月球"3号探测器
拍摄的世界第一张月球
背面图

2 谁先瞧见月球背后

　　苏联的"月球"3号探测器于 1959 年 10 月
4 日发射，3 天后从月球背面上空飞过，拍摄了
29 张覆盖月球背面 70% 面积的照片。虽然照片
有些模糊，但它首次揭开了月球背面的神秘面纱，
原来那里并不是外星人的基地。在获得了这些图
像之后，苏联抢先为月背两个较大的月海命名，
分别为"莫斯科海"和"智慧海"。

　　"月球"3号拍摄的照片表明，月球背面的
地貌主要是高地和山脉，大面积的月海只有 3 个，
在照片上显示为黑乎乎的阴暗区。

3 谁先软着陆在月球上

苏联的"月球"9号探测器于1966年1月31日发射，经过3天的飞行，首次成功软着陆在月球的风暴洋，拍摄了月表近距离全景照片并传回地球。

"月球"9号落月过程设计得非常巧妙，它在抵达月面之前，先伸出一根5米长的探针，探针触到月面的瞬间，反推发动机关闭并抛出顶部的橄榄形舱。发动机撞在月球表面，橄榄形舱则滚落到发动机附近。橄榄形舱打开4片花瓣状天线，舱内摄像机和照相机开始工作，向地球传输月面图像。"月球"9号立了一个大功，它确认月球表面是坚硬的，解除了科学家之前关于航天员登月会陷入月壤之中的担忧。

⬆ 苏联"月球"9号探测器

◀ "月球"9号上面的橄榄形舱落月后像花瓣一样打开

▶ "月球"9号模型图

4 谁先月面开车跑

苏联的"月球"17号探测器于1970年11月10日成功发射，并于11月17日降落在月球的雨海地区，释放了"月球车"1号，自动进行月面巡视勘察，它是世界上第一辆无人驾驶月球车。

"月球车"1号重756千克，高约1.35米，长约2.15米，宽约1.6米，外形有点像底部安装了轮子的浴盆。小车尾部有一面伞形太阳能电池板，配备互相独立、可避障的8个可供行走的轮子，这些轮子中只要两边各有两个正常，小车就能继续行走。从1970年11月17日到1971年10月4日，"月球车"1号在雨海地区工作了322天，总行程10.54千米，拍摄了20000多张照片，对500个地点进行了土壤物理测试，对25个地点进行了土壤化学分析，总考察面积接近80000平方米，为月球探测提供了大量的宝贵资料。

🔗 知识链接

星球马拉松竞走冠军

在地球上行驶的第一辆汽车，是德国于1886年制造的"奔驰"1号三轮汽车；驰骋在外星球的第一辆车，是苏联于1970年发射的"月球车"1号。在外星球上跑得最远的车是谁呢？

是美国研制的"机遇"号火星车。它于2003年7月7日发射，2004年1月25日成功登陆火星表面。

"机遇"号火星车高1.5米，宽2.3米，长1.6米，重180千克，有6个能前进和倒退的自驱轮子，车速0.005米/秒。虽然它的速度很慢，但走得很稳当。它配备了能够跟着太阳光转动的太阳能翅膀，车上主电池能经受5000多次充放电循环周期。

"机遇"号原计划任务期为90个火星日（92.43个地球日），可实际运行了5352个火星日（5496.5个地球日，相当于15个地球年），是当初设计寿命的近60倍。火星上的第一块陨石、热屏蔽岩以及维多利亚撞击坑等都是它的发现。

"机遇"号15年走出了一趟马拉松里程——45.16千米（马拉松赛跑的距离为42.195千米）。它是地球外轮子车行驶距离的世界冠军。不幸的是，2018年火星上的一场沙尘暴使它与美国宇航局失去联系。

巡视器在火星和月球表面的行驶距离

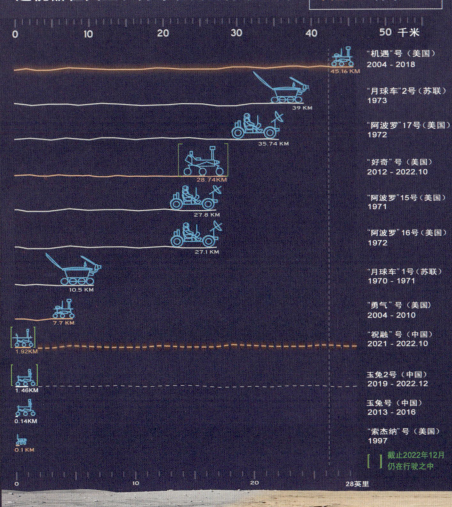

| 0 | 10 | 20 | 30 | 40 | 50 千米 |

"机遇"号（美国）
2004 - 2018
45.16 KM

"月球车"2号（苏联）
1973
39 KM

"阿波罗"17号（美国）
1972
35.74 KM

"好奇"号（美国）
2012 - 2022.10
28.74KM

"阿波罗"15号（美国）
1971
27.8 KM

"阿波罗"16号（美国）
1972
27.1 KM

"月球车"1号（苏联）
1970 - 1971
10.5 KM

"勇气"号（美国）
2004 - 2010
7.7 KM

"祝融"号（中国）
2021 - 2022.10
1.92KM

玉兔2号（中国）
2019 - 2022.12
1.46KM

玉兔号（中国）
2013 - 2016
0.14KM

"索杰纳"号（美国）
1997
0.1 KM

[ ] 截止2022年12月
仍在行驶之中

| 0 | 10 | 20 | 28英里 |

⬆ 月球车、火星车行走记录

➡ 人类第一台
月面巡视器"月
球车"1号

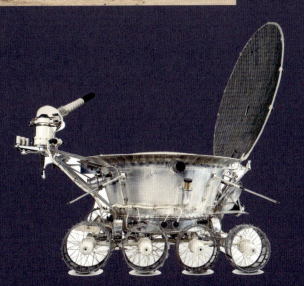

↑ 1969 年 7 月 20 日，美国"阿波罗"11 号航天员奥尔德林站在月球上，他头盔上反射出拍摄这张照片的航天员阿姆斯特朗

5 谁先捷足登广寒

是美国"阿波罗"11号飞船。

那是一个星期日。当晚，几乎所有的美国人都没有入睡，他们在目不转睛地观看同一个电视节目。与此同时，世界上有49个国家的近5亿人坐在电视机前，他们的目光聚焦在同一个画面上。

两个身着白色臃肿服装的人，先后缓缓地从一个奇形怪状的物体中爬出，然后幽灵般地踏上了一片寸草不生的土地。可别小看了这个简单的画面，虽然和现在任何一台电视晚会相比，它都算不上好看，但这却是一个人类有史以来从未见过的情景。当晚，凡是目睹了这个情景的人，无不激动万分、热泪横流、夜不能寐。因为当晚发生的这件事是人类认识宇宙的新起点。后来，人们公认那一天是人类历史上一个永远值得纪念的日子。

那一天，是1969年7月20日，人类登上月球的日子。

⬆ 1969年7月20日，美国航天员阿姆斯特朗和奥尔德林乘坐的"阿波罗"11号飞船登月舱着陆月球

指令舱

服务舱

上升段

登月舱

下降段

在轨道上完成对接的
阿波罗飞船

组装完毕的登月舱

组装完毕的指令服务舱

⬆ "阿波罗"11号飞船由指
令舱、服务舱和登月舱3个部
分组成

⬆ 运载火箭"土星"5号

↑ 执行"阿波罗"11号任务的3名航天员　　↑ 安在登月舱着陆腿上的纪念牌

1969年7月16日，"阿波罗"11号飞船搭乘巨无霸火箭"土星"5号升空。7月20日，登月舱成功在月球着陆。美国航天员阿姆斯特朗和奥尔德林踏上月球，在月面停留了21小时36分，进行了2小时10分钟的月面活动，发现月球上毫无生命迹象，没有任何活着的生物。他们在月球上竖起了一面美国国旗，拍摄了许多月面照片，采集了22千克月球岩石和土壤标本，安放了月震仪、电视摄像机、激光反射器和太阳风收集器等仪器，并通过无线电接受了美国总统尼克松的祝贺。

登月航天员踏上月球后，把一块带有"阿波罗"11号航天员和美国总统尼克松签名的纪念牌安装在了着陆器的腿上，上面有地球东西两半球的图像，还有一行字："公元1969年7月，来自行星地球上的人首次登上月球，我们是全人类的代表，我们为和平而来。"

阿姆斯特朗怀着异常激动的心情说出了那句永载史册的话："这是一个人的一小步，却是人类的一大步。"

在人类探索月球的征程中，阿波罗登月计划到达最辉煌的顶峰。美国 1961 年提出该计划，经过 8 年的艰苦努力，在发射了 8 艘阿波罗飞船之后，1969 年 7 月 20 日"阿波罗"11 号飞船的登月舱终于降落在月球上，地球人的第一个脚印像盖戳一样留在了月面上。随后，又有 5 艘载人飞船飞抵月球，12 名航天员在月面上完成了历史性的壮举。

阿波罗登月计划因大大拓展了人类对宇宙的认识和活动的空间而永垂青史。

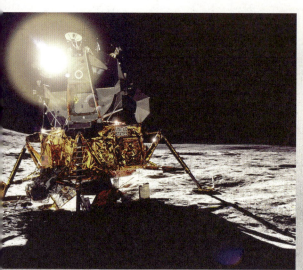
⬆ "阿波罗"14号登月舱

⬆ "阿波罗"15号航天员

⬆ "阿波罗"16号航天员

⬆ "阿波罗"17号飞船携带的月球车

他竟然在月球上撒尿

第二位登月航天员奥尔德林，踏上月球后难掩内心的激动，突然有点憋不住尿了。这时，如果他脱下裤子排尿，月球上的真空环境会让航天服失压，他很快就会窒息而死；要是在白天，裸露的皮肤很快就会被烤焦；要是在晚上，他很快会被冻死。面临这样危险的境地，他只好选择尿裤子了。当时他没有使用尿不湿，奥尔德林的尿液通过航天服里放置的一根管子流进了尿袋里。不过这套航天服连同他的尿液，在他离开月球的时候，被扔在月球上了。

登月航天服和现在航天员太空行走时穿的舱外航天服差不多，航天员相当于把一个迷你小飞船穿在了身上，它可以给航天员提供氧气，维持正常的大气压和适宜的温度、湿度，并抵挡太空垃圾的袭击。

判断下面这个说法是否正确：

两个航天员站在月面上对话，必须拿掉头盔大声喊叫，否则对方听不见。

答案：错误。

声音是通过介质传播的，气体、液体和固体都可以传播声音，而且声音的传播速度还与温度有关。在地球一般环境下，声音的传播速度大约是340米/秒。

由于月球上没有大气，也就没有传播声音所必需的介质。如果两名航天员在月球表面对话，相互之间只能看到对方的嘴形变化，根本听不到对方的声音。即使在月球上扔下一颗炸弹，航天员也听不到爆炸的声音，只能感受到爆炸带来的震动。

怎样才能在月球上对话呢？可以通过航天服头盔里面的麦克风把声音信号转换成电信号，然后将电信号传递给音频设备，音频设备再将电信号转换成声音信号，传输给另一名航天员，通过这样转换，双方才能对话。

四 中国从叹月到探月

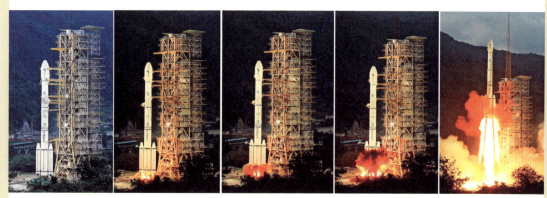

自古以来，人们就对夜空中这时而盈若金盆、时而缺似弯钩的月亮产生了浓厚的兴趣。真实的月球到底是怎样的呢？航天技术的发展，把科学家的"手"和"眼睛"直接送入太空，为科学研究提供了更广阔的平台。发达国家对月球的研究和探测正由观测、探测、实地考察进入开发利用的准备阶段，而中国在这个舞台上缺席的时间太久太久。

2004年1月，中国探月工程终于立项。这是继发射人造地球卫星和载人航天飞行成功之后，中国航天科技事业发展的第三个里程碑。

↑ "嫦娥三号"着陆器进行真空热试验（宿东摄）

KM6航天
KM6 manned spac

↑ 嫦娥

1 中国探月工程

古往今来，月亮一直是地球人类的亲密朋友，它陪伴着人类的进化、发展与进步，与人类一起共享人间的悲欢离合。在中华民族中广泛流传的"嫦娥奔月"神话，以其凄美的韵味，闪烁着动人的光环。对于月亮，我们的祖先既敬畏，又神往；既想一探究竟，却又无可奈何。于是只好编织美丽的神话来填充想象的空间。

如今，中国探月工程的启动，使家喻户晓的神话人物嫦娥，还有那只玉兔，从上古时代一直"活"到了今天。我国的探月工程被命名为"嫦娥工程"，我国的月球探测器都叫"嫦娥"，而在月面上辛勤巡视的月球小车，就叫"玉兔"。

⬆ 中国探月工程标识

⬆ 小篆体"月"

头部：毛笔起笔处点顿一下，自然形成龙头，象征中国航天如巨龙腾空而起。

下部：仔细看，圆弧的收笔空隙处有一群自由飞翔的白色和平鸽，表达了中国和平利用空间的美好愿望。

中部：一对脚印踏在月面上，象征着中国人登上月球的美好愿景。

整体来看，中国探月工程的标识既像古代小篆体的"月"字，又像用毛笔勾勒的一轮弯月。

2 人类探月"三大步"

人类探索、开发和利用月球，要迈出"三大步"——"探""登""驻（住）"。

探：是指派出无人探测器访问月球，这好比去探路，隔空敲敲广寒宫的大门。我国的嫦娥工程就属于"探"。

登：是指航天员登上月球，相当于地球人到月球上去"串串门"，很快便返回地球。美国的阿波罗登月计划完成了第二步。

驻（住）：包括两层含义，第一层"驻"是指航天员带着设备降落到月球上，短期停留便返回地球，而科学设备就留在月球上，进行长期探测。目前美国实现了这一步。第二层"住"是指在月球上建设短期或永久性的月球基地，人类可以在月球上生活和工作；全面开发、利用月球资源。目前这一步还没有国家做到。

3 嫦娥奔月"三小步"

我国的嫦娥工程正处在"三大步"中的第一步"探"阶段，计划分"绕""落""回"三步走，称为"三小步"。

第一步，"绕"，探月卫星飞到月球身旁，环绕月球飞行，开展遥感探测；

第二步，"落"，着陆器和巡视器降落在月面，对月球开展实地考察；

第三步，"回"，探测器不但降落在月球表面，而且要在月球上采集样本并送回地球。

每一步（也称每一期工程）都有详细的工程目标和科学目标。目前我国已完成"三小步"，正在做"登"的准备。

一期工程为"绕"

主要工程目标:
- 研制和发射我国第一颗月球探测卫星
- 初步掌握绕月探测基本技术
- 首次开展月球科学探测
- 初步构建月球探测航天工程系统
- 为月球探测后续工程积累经验

主要科学目标:
- 获取月球表面三维影像
- 分析月球表面有用元素含量和物质类型的分布特点
- 探测月壤特性
- 探测地月空间环境

二期工程为"落"

主要工程目标:
- 突破软着陆、自动巡视勘察及其他相关技术
- 研制和发射月球软着陆器和月球车
- 建立月球探测航天工程基本系统

主要科学目标:
- 探测着陆区的地形地貌、地质构造、岩石的化学与矿物成分
- 探测月表的环境,进行月岩的现场探测和采样分析
- 日－地－月空间环境监测与月基天文观测

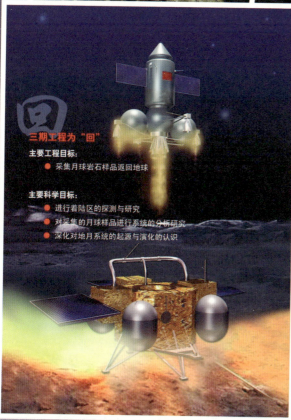

三期工程为"回"

主要工程目标:
- 采集月球岩石样品返回地球

主要科学目标:
- 进行着陆区的探测与研究
- 对采集的月球样品进行系统的分析研究
- 深化对地月系统的起源与演化的认识

4 探月嫦娥五姐妹

嫦娥一家共有五姐妹，个个身手不凡、本领高强。有的给月亮拍出了全世界最完美的全月图，有的发现了月亮上的新宝藏，有的飞到好远好远的日地连线上的拉格朗日 L2 点去探测，有的带着"玉兔"在月面上散步，还有的挖了 1.731 千克的月球"土特产"带回地球。

大姐"嫦娥一号"和二姐"嫦娥二号"是一对双胞胎，长得一模一样。

三姐"嫦娥三号"和四姐"嫦娥四号"也是一对双胞胎，也长得一模一样。

五妹"嫦娥五号"打扮得最漂亮。

为什么会有双胞胎呢？看到后面你就知道了。

⬆ "嫦娥一号"

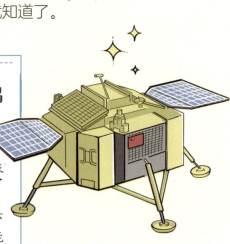

🔗 知识链接

"嫦娥五号"为什么要到海南文昌去发射？

原因有三个：

第一，文昌发射场纬度低，便于利用地球自转的动能，节省火箭的燃料。

第二，"嫦娥五号"比它的 4 个姐姐个头大，体重 5 吨多，只有"长征五号"火箭才能驮动它。而"长征五号"火箭也是大块头，用火车、飞机运输困难，乘坐巨轮运到海边的文昌发射场，难题迎刃而解。

第三，发射场濒临大海，火箭残骸可落于大海，不会危及地面安全。

⬆ "嫦娥三号"

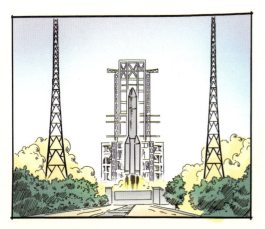

↑ 运载火箭系统

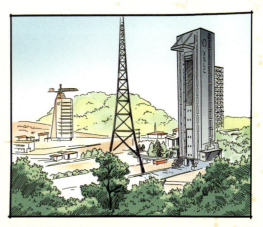

↑ 发射场系统

5 出访月宫五团队

　　嫦娥"娘娘"出行，那架势可大了，"陪嫁"的队伍排得老长。有抬花轿的大力士"长征三号甲"系列火箭和"长征五号"火箭，有"化妆间"四川西昌发射场和海南文昌发射场，有"天地联络官"测控与回收系统，还有应用嫦娥成果的地面应用系统。

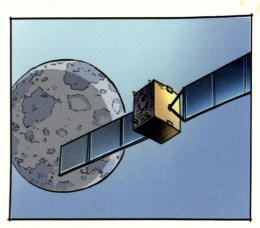

↑ 探测器系统

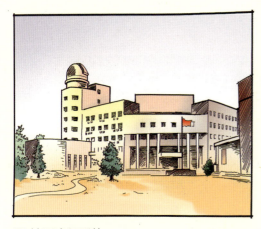

↑ 地面应用系统

↑ 测控与回收系统

↑ "嫦娥一号"——谨慎前行

↑ "嫦娥二号"——直接奔月

↑ "嫦娥三号"——携带玉兔

↑ "嫦娥四号"——着陆月背

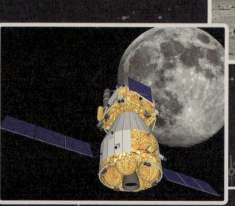

↑ "嫦娥五号"——体重巨大

发射五位嫦娥"娘娘"的火箭不尽一样，教你正确连线。

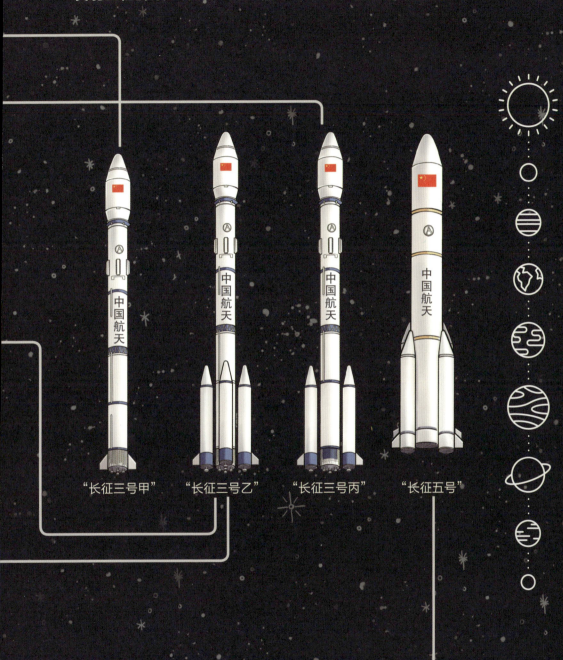

"长征三号甲"　"长征三号乙"　"长征三号丙"　"长征五号"

五 大姐奋勇争先第一棒

"嫦娥一号"是我国第一颗绕月卫星，算是嫦娥姐妹中的大姐，它于 2007 年 10 月 24 日开启奔月之旅，这是中国探月工程的首次突破。

大姐是一个 2 米 ×1.72 米 ×2.2 米的六面体，两侧各有一个太阳能电池帆板，展开后最大跨度达 18.1 米，发射质量为 2350 千克，携带了 8 台探测仪器，在距离月球表面 200 千米的圆形极轨道上遥望月球，设计寿命为 1 年。

⬆ "嫦娥一号"卫星总装　　"嫦娥一号"卫星 ➡

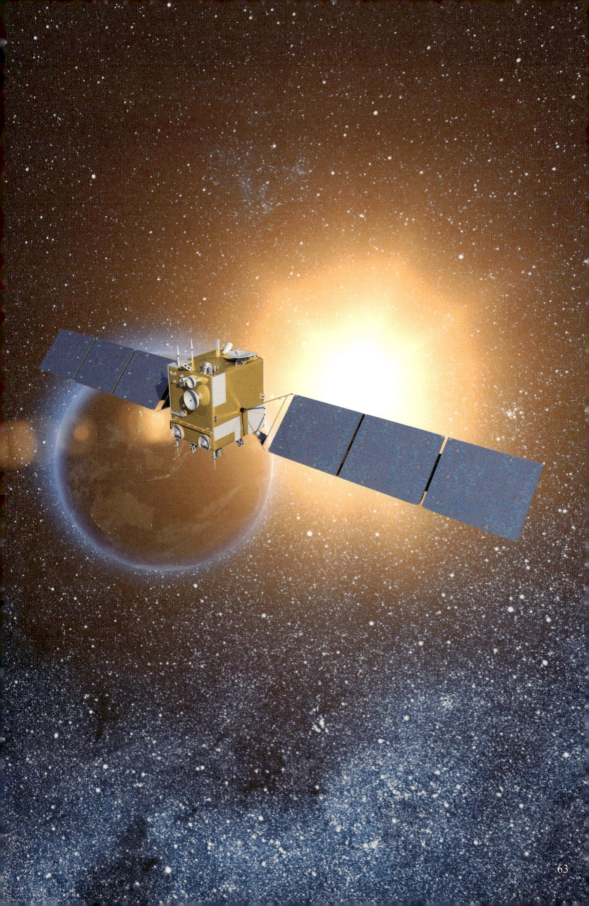

1 绕月路上战胜 4 只拦路虎

大姐自知征途多凶险，所以行动十分谨慎，它在地球轨道上多绕了几圈，摸准了道，憋足了劲，才奔向月球，一路上用了近 14 天，飞了 206 万千米，历经 8 次变轨，最后到达距离月面 200 千米的环月轨道。在漫长的奔月路上，大姐共战胜了 4 只拦路虎。

● 拦路虎一号：轨道刹车技术

打个比喻，从地球到月球的轨道好比是一条高速公路，而环绕月球飞行的轨道则好比是国道，大姐沿着高速公路一路猛跑，到了高速公路的尽头准备进入国道时，就要踩一脚刹车。这一脚"太空刹车"风险非常高，如果刹车太猛，会冲出高速公路，一头撞上月球；如果刹车太慢，会错过国道入口，误入歧途，与月球"拜拜"。苏联早期进行探月活动时，被这只"老虎"干掉了好几个探测器。

大姐恰到好处地完美刹车，顺利进入高度为 200 千米的环月轨道，绕月一圈约 127 分钟。在这一轨道运行所需能量最少，发射和变轨风险最低，拍照清晰度也不错。

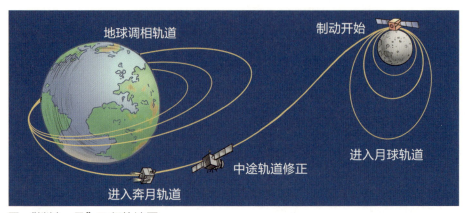

↑ "嫦娥一号"飞行轨迹图

● 拦路虎二号：38 万千米的精确测控和数据传输

在大姐发射之前，我国发射的绝大部分卫星距离地球不超过 4.2 万千米，最远的卫星距离地球约 7 万千米，而大姐飞离地球远至 38 万千米，与近程测控通信相比，深空测控通信会遇到信号衰减大、无线电波传输时间延长、信息传输速率受限等难题，如果搞不好就会与大姐失联。

为精确测控和保证数据传输，我国充分利用了当时仅有的航天测控网和天文观测网，及时发出指令、接收信息，保证了和大姐的联系一路畅通。后来又在国内外建设了好几个大型"金耳朵"，如位于佳木斯的 66 米直径天线、喀什的 35 米直径天线、阿根廷的 35 米直径天线、青岛的 18 米直径天线和纳米比亚的 18 米直径天线等地面测控站。

⬆ 远距离通信是难题

● 拦路虎三号：月球探测器三体定向

三体定向指的是：太阳能电池帆板要对着太阳，向太阳要能源；探测仪器要对着月球，收集月球情报；收发天线要对着地球，向地球汇报信息和接收指令。

我国以前发射的都是地球卫星，只需要对太阳和对地球两体定向，可这次大姐不简单，做到了"一心三用"。

⬆ 位于北京密云的 50 米射电天文观测站

● 拦路虎四号：极端温度下月面生存

大姐在绕月飞行时，会受到太阳、月球、月球阴影、地球阴影（月食）和太空寒冷环境的影响，外部温度在 120℃ ～ -190℃ 之间剧烈

⬆ 月球探测器三体定向技术

◀ 2007 年 10 月 24 日，"长征三号甲"运载火箭发射"嫦娥一号"探测器

变化，如果没有防护法宝，很快就会被"热死"或者"冻死"。因此，大姐携带了一套高级智能空调系统，使它在热的时候能够散热，在寒冷环境下又能够保证正常工作温度。

2 大姐为何相中"长征三号甲"

大姐奔月，选谁来送它飞出地球呢？大姐相中了"长征三号甲"运载火箭，因为这种火箭有 3 个优势。

一是推力足够大。"长征三号甲"运载火箭长 52.52 米，一、二级直径 3.35 米，三级直径 3 米，高轨道运载能力为 2.6 吨，是当时力气最大的火箭。

二是"姻缘"美满。"长征三号甲"运载火箭是我国第二代通信卫星"东方红三号"的运载工具。在大姐发射前，它与"东方红三号"卫星共"联姻"过 15 次，每次都取得了圆满成功。而大姐和二姐以及三姐、四姐的轨道器都是以"东方红三号"卫星平台为基础研制的，许多方面与"东方红三号"卫星有共同之处。基于这样的身世背景，大姐选择"长征三号甲"运载火箭就是理所当然的了。

三是可靠性高。"长征三号甲"运载火箭研制时，充分继承了原有长征系列运载火箭的成熟技术，并采用了多项先进技术，大大提高了运载火箭的适应性。"长征三号甲"运载火箭于1994年2月8日首次发射，至大姐发射前，总共进行了15次发射，成功率100%。

大姐相当有眼光，它选择的"长征三号甲"运载火箭其实是一个系列火箭中的一种。这种系列火箭包含了"长征三号甲"、"长征三号乙"和"长征三号丙"三种火箭。不同之处是"长征三号甲"是"光杆"火箭，"长征三号乙"在火箭一级周围捆绑了4个助推火箭，"长征三号丙"在一级周围捆绑了2个助推火箭，分别具备2.6吨、5.5吨和3.8吨的运载能力。于是，不同体重的嫦娥姐妹，就分别配对了"长三甲"系列的不同兄弟。比如，二姐要飞得快一点，它选择了"长征三号丙"运载火箭，5天就能飞到月球旁边；三姐和四姐稍重一些，它们就选择了"长征三号乙"运载火箭。由于五妹太胖太重，只好为它另择"良婿"，配了那个叫"胖五"的"长征五号"运载火箭。

⬆ "长征三号乙"运载火箭发射"嫦娥三号"

⬆ "长征五号"运载火箭整装待发

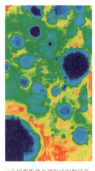

中国首次月球探测工程第一幅月面图像局部三维景观图

三个视角影像处理形成的数字高程模型图

正视影像与数字高程模型处理形成的正射影像图

正视影像与数字高程模型处理形成的数字高程色彩编码地形图

⬆ "嫦娥一号"拍摄的第一幅月面局部区域形貌图　　⬆ "嫦娥一号"拍摄的第一幅月面局部三维景观图

3 传回第一批原装月面图

　　大姐携带了 8 种科学仪器，分别是 CCD（用大规模集成电路制作的半导体光电元件，是数码相机的重要部件）立体相机、激光高度计、干涉成像光谱仪、伽马射线谱仪、X 射线谱仪、微波探测仪、太阳高能粒子探测器和太阳风离子探测器。

　　此次出行，大姐获取了我国首张 120 米分辨率全月影像图、首张三维月球地形图，探明了铀、钍、钾、镁、铝、硅、铁、钛、钙等 9 种元素在全月球含量分布的情况，反演了月壤的厚度，进行了空间环境的探测，共获得了超过 1.37 TB 的探测数据，圆满完成任务。

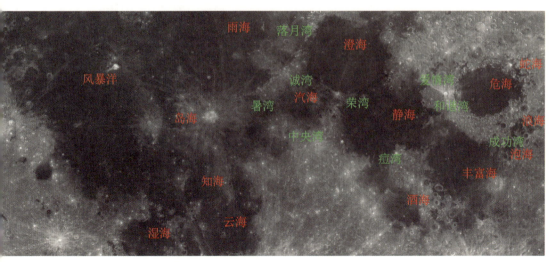

⬆ "嫦娥一号"拍摄的月球正面月海、月湾局部图

↑ "嫦娥一号"完成使命，坠落月面

↑ "嫦娥一号"撞击月球溅起月尘示意图

2009年3月1日，完成使命的大姐撞击在月球南纬1.50°、东经52.36°的丰富海中，结束了生命。在没有大气的月球上，这一无声的"巨响"既是大姐最好的归宿，更是中国首颗深空探测卫星成功的礼花。

? 考考你

判断这个说法对不对：

在月球上辨别方向，必须带上指南针，否则找不着北。

答案：错误。

指南针是利用地球磁场判别方位的一种简单仪器。磁针在地球磁场中受到磁力的作用，会一端指向南极，另一端指向北极。月球没有全球性的偶极磁场，其磁场强度不及地球的1/1000，因此在月球上根本无法使用指南针。

如果航天员携带指南针登上月球，指南针的磁针将一直晃动，并不能指向某个特定方向。所以，依靠指南针在月球上不光找不着北，其他任何方向也找不到。

火星与月球和地球都不一样，它有多个独立的磁场，每个磁场都有各自的磁极方向。如果把指南针带到火星上，很可能在某些地区是指向南，但在另一些地区却指向东或其他方向。

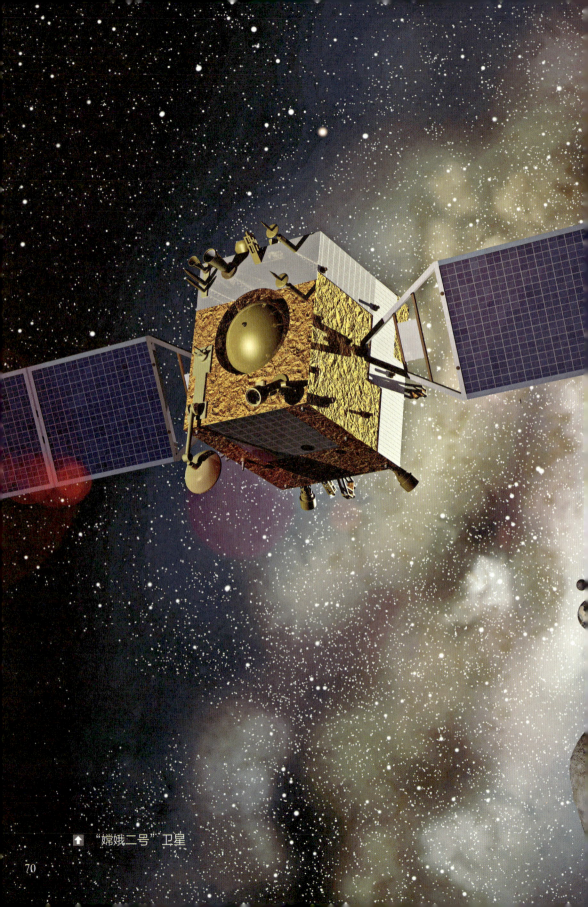

"嫦娥二号"卫星

六 二姐"替补"变身侦察兵

　　"嫦娥二号"是我国发射的第二颗绕月卫星，于 2010 年 10 月 1 日由"长征三号丙"运载火箭发射。它和大姐是双胞胎，本是大姐的备份，万一大姐出现问题，它出来替补。可是大姐运行良好，于是就给二姐派了新任务。

　　有了大姐的探索经验，二姐的奔月技术娴熟多了，因此它承担了比大姐更多的探测任务。它被改作我国探月二期工程的技术先导星，用于为三姐侦察降落地点、试验部分关键技术，并在"嫦娥一号"任务的基础上深入开展月球科学探测和研究。也就是说，它由"替补"队员变身主力队员了。

↑ "嫦娥二号"探月卫星与"长征三号丙"火箭对接

1 二姐本领更高强

　　二姐在经过 112 小时的奔月飞行之后，2010 年 10 月 6 日完成第一次近月制动，进入周期约为 12 小时的椭圆环月轨道。10 月 9 日，二姐顺利进入轨道高度为 100 千米的圆形环月工作轨道。随后，星上搭载的各种仪器开始探测工作。它不仅拍出了全世界最完美的全月图，还把三姐准备降落的地方预先调查了个门儿清。而且它后劲十足，先是飞到距离地球 700 万千米处的小行星"战神"身边，"咔嚓咔嚓"给它拍了一连串图片，又飞到距地球 3 亿千米远的地方，成为太阳系的小行星，给我们打听宇宙深处的秘密去了。

　　二姐和大姐相比，它的哪些本领更高强呢？

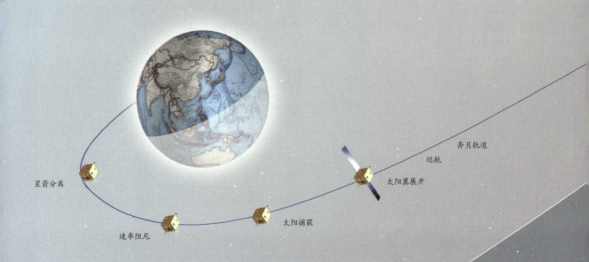

↑ "嫦娥二号"飞行轨迹图

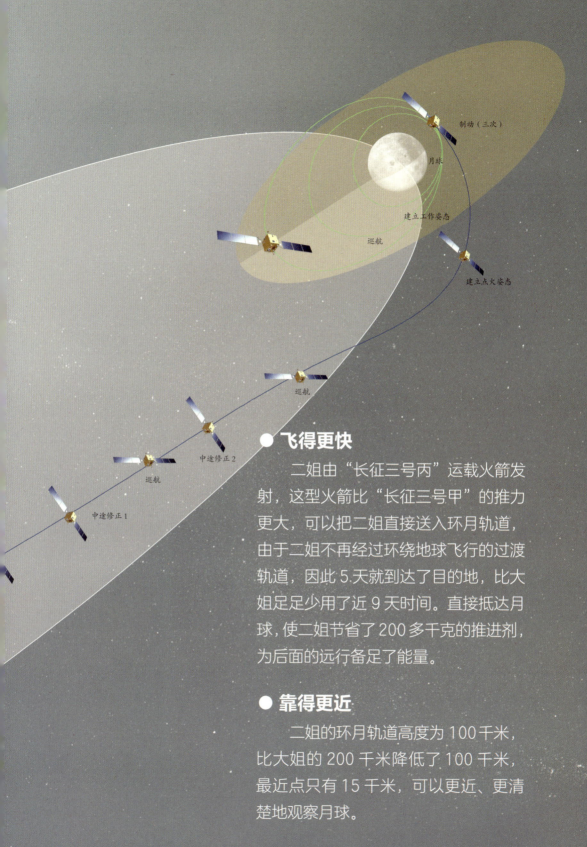

制动（三次）

月球

建立工作姿态

巡航

建立点火姿态

巡航

中途修正 2

巡航

中途修正 1

● 飞得更快

二姐由"长征三号丙"运载火箭发射，这型火箭比"长征三号甲"的推力更大，可以把二姐直接送入环月轨道，由于二姐不再经过环绕地球飞行的过渡轨道，因此 5 天就到达了目的地，比大姐足足少用了近 9 天时间。直接抵达月球，使二姐节省了 200 多千克的推进剂，为后面的远行备足了能量。

● 靠得更近

二姐的环月轨道高度为 100 千米，比大姐的 200 千米降低了 100 千米，最近点只有 15 千米，可以更近、更清楚地观察月球。

月球正面　　　　月球背面

⬆ "嫦娥二号"拍摄的7米分辨率全月正射投影图

● 看得更清

二姐在 100 千米的环月圆轨道上共获得了 572 轨分辨率约为 7 米的全月图，这是迄今为止国际上分辨率最高、最清晰的全月面立体图像，比大姐得到的分辨率为 120 米的全月图高级多了。它还获得了虹湾局部地区分辨率约为 1.3 米的立体图像，可以看到直径 4 米的月坑和直径 3 米左右的石块，为三姐找好了安全降落地点。二姐飞往月球途中，正值太阳活动高峰年，它机智地打开部分仪器，顺道抓取了地月空间太阳高能粒子与太阳风离子的活动证据，用来研究太阳活动与地月空间及近月空间环境的相互作用。

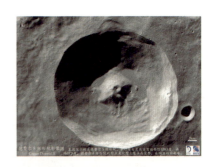

⬆ 德费尔S环形山影像图

⬆ 康普顿环形山内局部影像图

谁拍摄的全月图最棒?

迄今,全世界已有4种全月图,分别由美国、日本和中国获得。

1994年,美国发射了克莱门汀月球探测器,获得了第一张全月图,这张全月图平均分辨率为200米,覆盖了99%的月表范围。

2009年,美国发射了月球勘察轨道器,其中一台相机拍摄了全月图,这张全月图分辨率为100米,覆盖了100%的月表范围。

2011年,日本发布了"月亮女神号"月球探测卫星拍摄的全月图,这张全月图分辨率为7.4米,覆盖了92.4%的月表范围,并不是完全意义上的全月图。

我国于2010年发射的"嫦娥二号"卫星相机在距月面100千米高的轨道上拍摄的全月图,平均分辨率为7米,覆盖了100%的月表范围。所以,"嫦娥二号"拍摄的全月图是目前国际上分辨率最高、完整性最好、最清晰的全月图。

⬆ "嫦娥二号"拍摄的虹湾影像图

⬆ 希波克拉底环形山西侧影像图

⬆ 洪堡环形山内局部影像图

⬆ "嫦娥二号"卫星与火箭对接

● 跑得更远

　　2011 年 4 月 1 日，二姐设计寿命期满，既定的工程目标和科学探测任务圆满完成，但是它还剩余了许多燃料。于是它开始远征之旅，进行拓展试验，经过 77 天的飞行，二姐飞到了 150 万千米远的日地连线上的拉格朗日 L2 点的环绕轨道，开展了对地球远磁尾离子能谱、太阳耀斑爆发和宇宙伽马爆的科学探测。这是中国第一次开展拉格朗日点转移轨道和使命轨道的设计和控制，并首次实现了 150 万千米的远距离测控通信。

太阳

神秘礼品

在美国华盛顿航空航天博物馆的二楼，有一片月岩安放在玻璃罩下面，旁边的一块牌子上写着："请摸一摸月亮！"1979年，中国国家领导人访问美国期间参观了这座博物馆，他十分好奇地摸了一下这块月岩。该博物馆馆长幽默地说："先生，您摸到月球了！"

其实，在中美建交前夕的1978年5月28日，美国总统国家安全顾问布热津斯基来华访问，他带来了卡特总统送给中国的一份神秘礼品——一块灰黑色的小石头，它放在一个有机玻璃盒内，重量仅1克。这块小石头来头可不一般，它来自月球。这块石头很快从北京被送到了贵阳，中国科学院地球化学所的研究员欧阳自远取了一半的石头开始进行研究；另一半石头则被送到了北京天文馆供大家观赏。至今，人们在北京天文馆还能欣赏到当年保存下来的另外半克月岩的风采。

▼ "嫦娥二号"远征示意图

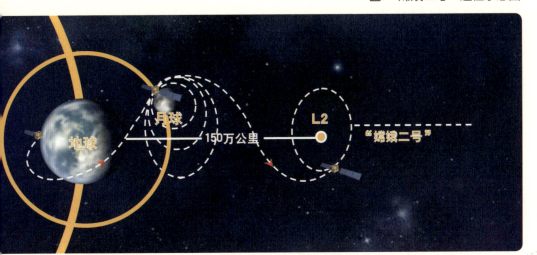

地球　月球　150万公里　L2　"嫦娥二号"

2 会见战神

2012年12月13日，二姐在飞离日地拉格朗日L2点195天后，又到距地球约700万千米的深空，与国际编号4179的小行星擦身而过，最近相距3.2千米，首次实现对小行星的飞越探测。

这颗行动诡异的小家伙最早被发现于1934年，但不久便"失踪"，直到1989年才被再次发现。它与地球的距离也很"玄乎"，从1992年开始，它每隔4年就悄然接近地球，是人类目前已知"体量"最大、对地球构成极大威胁的近地小行星。

二姐首次近距离对它进行了长达25分钟的连续拍摄，使得科学家了解到这个小家伙的年龄约为16亿岁，结构是碎石堆，飞行时经常翻跟头。依据二姐提供的资料，科学家研究了小行星的诞生和演化机制并探究其撞击地球的可能性，以便采取有效的应对措施来消除威胁。

🔗 知识链接

4179 何许星也？

4179号小行星也叫图塔蒂斯。图塔蒂斯是欧洲古典神话中战神的名字。它长得酷似花生，大小只有1.70千米×2.03千米×4.26千米，但绝非"无名之辈"。近年来在有关"天地大冲撞"的假想中，它常常扮演让地球遭遇飞来横祸的"主角"。虽然它最近时距离地球足有2亿千米以上，但接近地球时，往往只有数百万千米。历史上，它曾在距离地球88万千米处掠过，这已经是一个相当危险的距离，它一旦撞击地球将造成洲际性毁灭。因此，它一直不能让天文学家们"安心"。

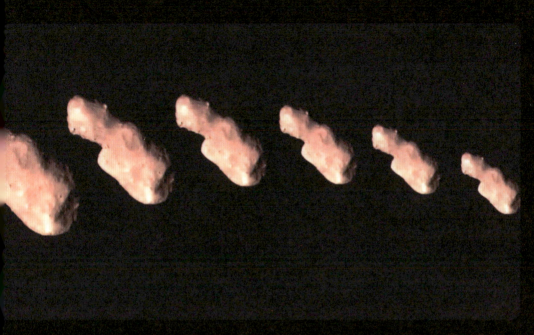

⬆ "嫦娥二号"在不到100秒的时间里连续拍摄到清晰的4179号小行星影像

3 创造中国新高度

　　自2010年10月出发，短短两年间，二姐从距地球38万千米外的月球，到150万千米远的日地拉格朗日L2点，再到700万千米外的小行星……突破并验证了我国卫星对小天体探测的轨道设计与飞行控制技术，实现了我国航天器飞行从40万千米到700万千米远的大幅度跨越。2012年12月13日，二姐飞离"战神"小行星后，继续沿着围绕太阳的轨道向着更远的深空飞行，成为了一颗太阳系的人造小行星。二姐距离地球最远的距离已经超过了3亿千米，创造了航天器飞行的"中国新高度"，迄今它仍围绕着太阳不停歇地运行着。

七 三姐怀抱"玉兔"
首次落月

　　月宫里的嫦娥着实寂寞了。自从 1976 年苏联的"月球"24 号探测器停靠月宫返回地球后，就再也没有"活物"光临过广寒宫了。37 年后，月宫的尘埃终于被拂去。一组来自中国的搭档为月宫带来了勃勃生机。这组搭档就是"嫦娥三号"着陆器和它驮着的"玉兔一号"月球车。

　　"嫦娥三号"是我国发射的第一颗落月探测器，于 2013 年 12 月 2 日由"长征三号乙"运载火箭发射。

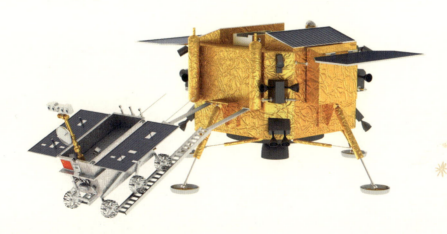

▶ "嫦娥三号"着陆器和"玉兔一号"月球车
◀ "长征三号乙"火箭发射"嫦娥三号"探测器（宿东摄）

1 三姐长相很特别

三姐和大姐、二姐长得大不一样，它是一个长着 4 条腿和 6 个轮子的"两件套"：由一个着陆器驮着一个巡视器（月球车）组成，体重 3 吨。它俩一个在着陆点原地探测，一个边走边看，各自在月面开展探测任务。

三姐的构造可复杂了，着陆器主管前期飞行、月面下降和软着陆，它包含 11 个分系统，其中最有特色的是负责着陆缓冲的 4 条腿。3 吨重的三姐要稳稳地、柔柔地站在月面上，全靠腿功，这其中的奥秘是每条腿上有两根拉杆缓冲器，落月时产生的冲击能量全被它们吸收了。

着陆器背上驮着的"玉兔一号"月球车，学名叫"月面巡视器"，体重140千克，全部国产。这是我国第一次送到地外星球的可行走的"活物"。它身插太阳翼，脚踩风火轮，不惧酷暑热，不怕三九寒，能爬小高坡，可越小障碍，行走速度约为 200 米 / 小时。小玉兔的设计寿命是 3 个月，可惜的是，受复杂月面环境影响，它的行驶装置出现异常，在度过一个半月、行驶了 114.8 米后，永久地停留在了月面上。

◀ "玉兔一号"月球车在地面进行沙漠行走模拟试验

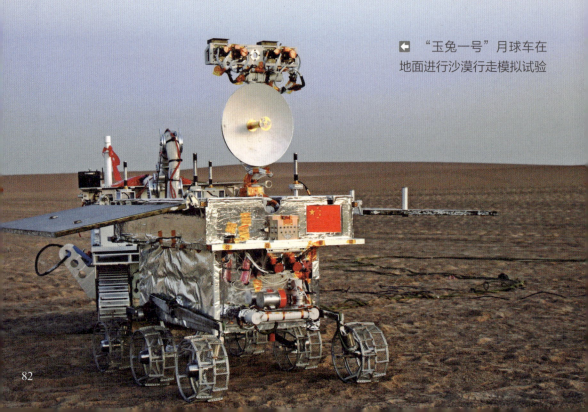

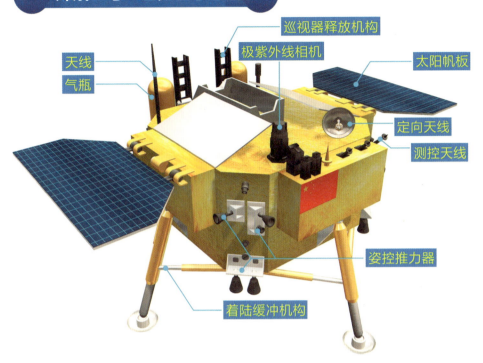

"嫦娥三号"着陆器示意图

- 巡视器释放机构
- 极紫外线相机
- 天线
- 气瓶
- 太阳帆板
- 定向天线
- 测控天线
- 姿控推力器
- 着陆缓冲机构

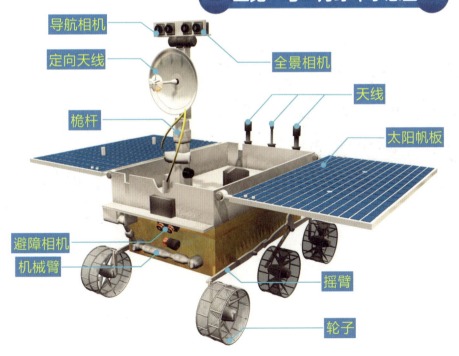

"玉兔一号"月球车示意图

- 导航相机
- 全景相机
- 定向天线
- 天线
- 桅杆
- 太阳帆板
- 避障相机
- 机械臂
- 摇臂
- 轮子

2 看家本领：月面软着陆

三姐的亮点是"落得稳"和"走得动"。为此它携带了最牛的发动机——7500牛变推力发动机，靠着发动机的反推，三姐一会儿刹车减速，一会儿像直升机一样悬停，一会儿自主避开障碍，最终抱着"玉兔"稳稳地站在了月面上。如果说大姐和二姐都是环绕月球飞行、从外围端详月球容貌的话，那么，三姐就算"登门拜访"了。这标志着我国探月工程实现了从"绕"到"落"的跨越。

三姐落月可不是直接硬砸上去，而是用减速装置慢慢地软着陆，整个过程很复杂。切莫小看软着陆技术，这是人类探月历程上的一个大台阶，其中的关键技术是"太空刹车"。如果刹车过猛，探测器会一头撞上月球；如果刹车减速不足，探测器会与月球擦肩而过成为宇宙的尘埃。

软着陆技术是探测器着陆月球并返回地球、载人飞船和航天员登陆月球并返回地球，必不可少的关键技术。

⬆ 2013年12月22日，"嫦娥三号"着陆器（左）和"玉兔一号"巡视器（右）成功"互拍"，两器上的五星红旗清晰可见

距月面15公里

距月面3公里

主减速段

距月面2.4公里

快速调整段

粗避障接近段

距月面100米

精避障悬停段

距月面30米

距月面3米

缓速下降段

完美720秒
嫦娥入宫
中国探测器首次登上地外天体

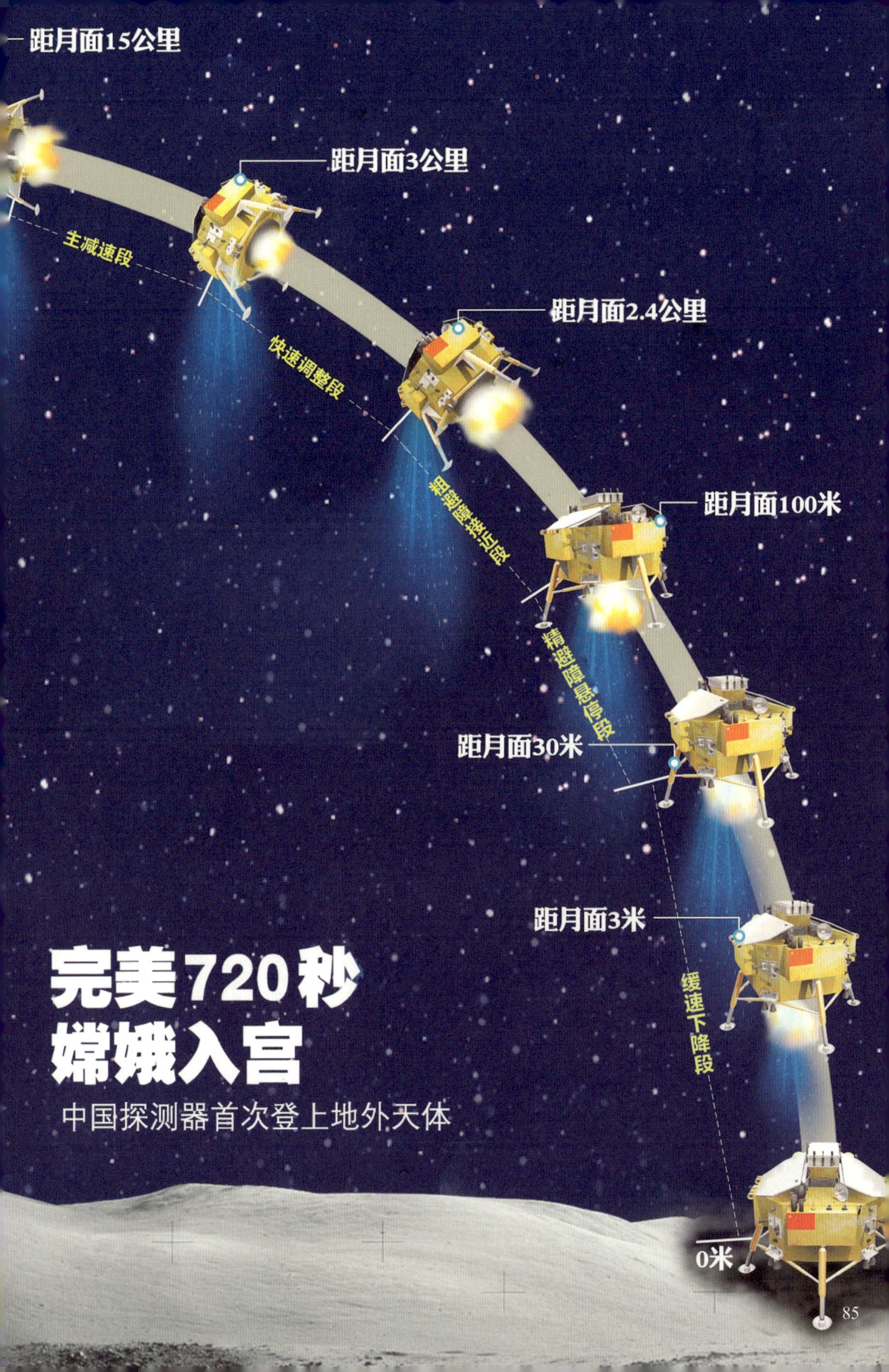

0米

③ 携带多种独门"武器"

为了仔细瞧瞧月球上有啥宝贝，顺路看看地球和深空，三姐携带了八大独门"武器"：地形地貌相机、降落相机、极紫外相机、月基光学望远镜、全景相机、测月雷达、粒子激发 X 射线、红外成像光谱仪。

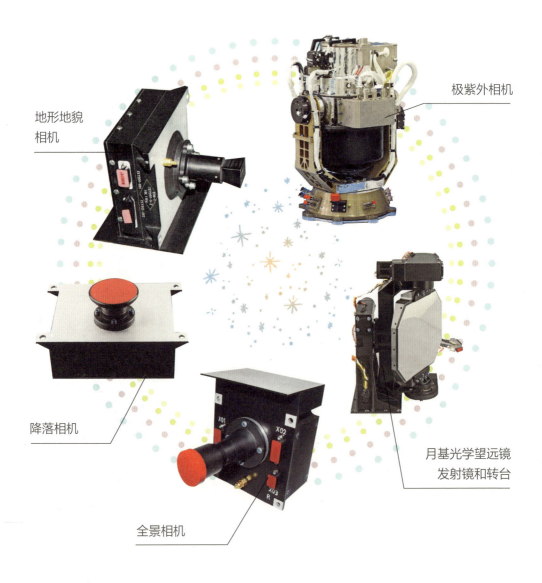

极紫外相机

地形地貌
相机

降落相机

月基光学望远镜
发射镜和转台

全景相机

4 落月为何选虹湾

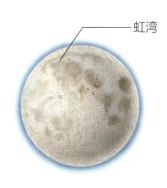

虹湾

三姐第一次软着陆月面，选择哪里作为落脚之地呢？这个落脚之地要满足以下要求：

一要容易降落。要找一个地势平坦，障碍物既少又小的地方。月球正面分布着众多月海，选择这些平原地区将利于着陆。

二要光照充足。这个地方要既满足着陆器和巡视器太阳能电池发电的要求，又不太热不会把携带的仪器烤坏了。月球表面与地球一样，赤道光照强、温度高，白天温度最高时达130℃；两极光照弱、温度较低。因此选择月球的中纬度地区着陆，可以兼顾光照和温度条件要求。当然也考虑到了方便与地球的通信联系。

三要有研究价值。即要和以往苏、美曾经着陆的地方不同，所获得的科学数据形成互补。另外，还要考虑可研究对象足够丰富，以获得更多的成果。

综合以上因素，经过工程技术人员和科学家反复遴选，三姐的软着陆地点最终选择了月球正面雨海西北部的虹湾地区。

🔗 知识链接

虹湾

虹湾是月球上仅次于风暴洋的第二大月海——雨海的一个湾（月海伸向月陆的部分称为湾），它南北约100千米，东西约236千米，是一个很漂亮的半圆形的湾。在晴朗的月圆之夜，用肉眼就可以看见它。

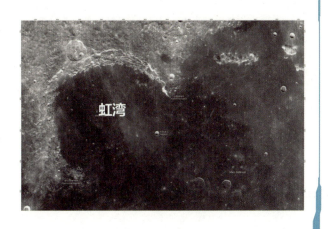

虹湾

5 巡天、观地、测月，干得漂亮

　　三姐携带的独门武器，首次在月球上巡视太空，从月面上对多个天区进行了星星的"人口普查"，有了很多新发现。截至2016年6月，三姐共进行了约4940小时的巡天观测，获得23.3万幅图像数据。首次在月球上观测地球，在月面上对地球周围等离子体层进行观测，揭示了太阳活动对地球空间环境的影响。首次"透视"了着陆区地下30米深土壤层的结构和超过330米深的次表层岩石结构，绘制了着陆地区一幅近百米的地质剖面图。

　　它一举完成了"巡天、观地、测月"三大任务。2016年2月，中国国家天文台向全球免费发布三姐在月面拍摄的全部图像数据。

　　2016年8月4日，三姐在超期服役19个月之后正式退役，停止了长达31个月的工作，它刷新了国际上探测器月面工作时长的纪录。从此，三姐常住"广寒宫"，着陆器和"玉兔一号"一起每天陪伴着明月遥望地球家园。

↑ "嫦娥三号"着陆器环拍图

↑ "玉兔一号"拍摄的行走轨迹和远处的"嫦娥三号"着陆器

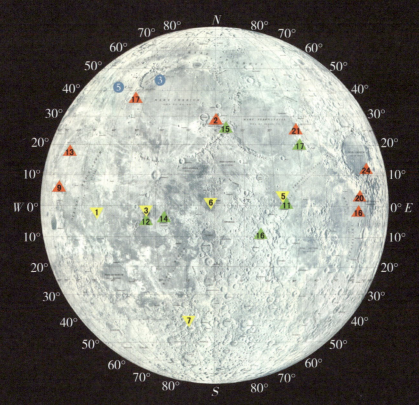

⬆ 各国月球探测器月球正面着陆地点示意图

👁 瞪大眼睛

月球上的人类遗迹

　　自 1959 年人类发射首颗月球探测器以来，月球上的"人类遗迹"多了去了。不算环月飞行探测完成任务后坠落月面的，也不算登陆未遂摔在月面的，单是软着陆月面的就有：苏联"月球"9 号、13 号、16 号、17 号、20 号、21 号、23 号、24 号无人探测器和美国"勘察者"1 号、3 号、5 号、6 号、7 号无人探测器，共 13 个。大家伙有 7 个，是"阿波罗"登月舱留在月面的下降级（其中有一个是"阿波罗"10 号放置的）。月球上还留有 8 辆月球车，包括苏联的"月球车"1 号、2 号，美国"阿波罗"飞船带去的手推车和 3 辆漫游车，中国的"玉兔一号""玉兔二号"。航天员放置的探测仪器也不少。

　　将来你到月球上旅游时，这些文物都是不可不看的"名胜古迹"。

⬆ "嫦娥二号"拍摄的月面图

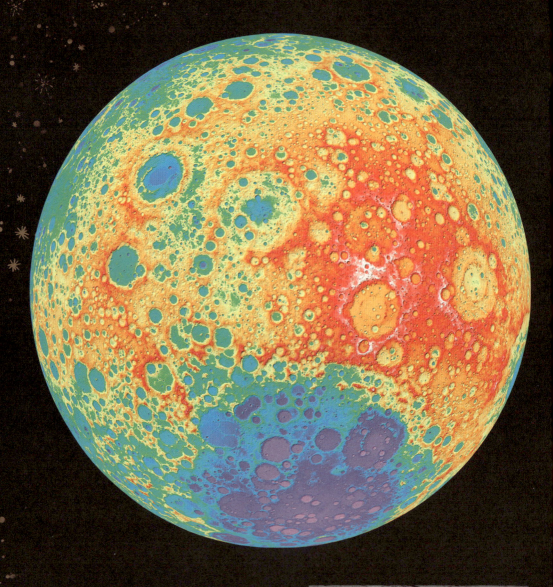

⬆ 月球背面图

➡ "玉兔二号"辛勤地工作

八 四姐石破天惊 站在月球背面

尽管人类已经发射了 100 多个月球探测器，但从未有航天员或探测器脚踏实地造访过月球背面。由于月球的自转和公转周期相同，导致我们在地球上永远没法直接看到月球的背面，于是便有了超级大胆的猜测——那里是外星人的基地。这些猜测出现在各种科幻作品中，演绎出各种充满想象力的故事。

"嫦娥四号"本是"嫦娥三号"的备份，"嫦娥三号"已经成功完成了"落"的任务，"嫦娥四号"便无须重复相同任务，它于 2018 年 12 月 8 日乘坐"长征三号乙"运载火箭，勇敢地创造了航天史上的一项奇迹：首次身临其境地实地触摸了神秘的月球背面。月球背面究竟长啥样？让四姐带你去瞧瞧吧。

⬆ "嫦娥四号"在月球背面着陆

1 月背出行"三剑客"

四姐由备份变首飞，科学家们对它进行了"脱胎换骨"的改造。三姐是个两件套，四姐则是"三剑客"同行：着陆器＋月球车＋鹊桥中继卫星。着陆器负责驮着月球车降落月背，然后进行原地探测；月球车负责在月背行走，边走边测；中继卫星负责信息二传，把着陆器和月球车收集的情报传回地球，也把地面的指令转给着陆器和月球车。

四姐到月球背面干什么呢？

首先，进行月基低频射电天文观测。由于月球背面屏蔽了来自地球的无线电干扰，是进行天文观测的最佳场所，四姐携带的特殊望远镜相当于把"天文台"搬到了月球背面，在那里能接收到地球上无法接收的来自太空的电磁波信号，也许还能听到外星人讲话呢。

↑ "嫦娥四号"同行"三剑客"

其次，着陆器原地探测，"玉兔二号"月球车边走边看。它们各自对月球背面的地形地貌、月壤月岩的矿物组分和化学元素、月球地下的浅层地质结构进行探测。由于没有其他探测器到过月球背面，所以获得的任何信息，都是人类获得的第一手数据。

↑ "嫦娥四号"着陆器拍摄的全景图

2 迎接四姐的环境不咋地

　　月球背面高出月海的月陆面积很大，月陆上布满了大大小小的凹坑，陨石坑的数量比月球正面要多得多。"皱纹"也多，布满了沟壑、峡谷和悬崖，没有多少平地。这说明月球背面由于毫无遮拦地暴露在太空中，遭遇了大量天体的直接撞击。

　　四姐的着陆区为月球背面靠近南极的一个叫冯·卡门环形山的地方，这个着陆区的面积比三姐降落的虹湾地区小了许多。因为月球背面山峰林立，大坑套小坑，很难找出再大一些、平坦一些的地方。四姐在凸凹不平的地方软着陆，需要具有比三姐更准确的着陆精度。

➡ "嫦娥四号"的着陆点——冯·卡门环形山区域月表粗糙度图

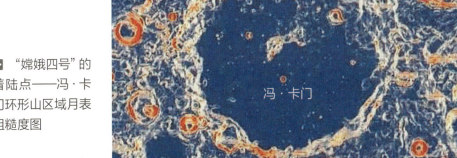

冯·卡门

93

3 "鹊桥"：地月通话全靠我

如果从月球背面给地球发信息，那地球是接收不到的，因为信息被月球挡住了。为了让四姐与地球保持联系，2018年5月21日，科学家专门为四姐在地月拉格朗日L2点放置了一颗名叫"鹊桥"的通信卫星，这颗卫星距离月球大约6.5万千米。"鹊桥"既能看到月球背面，也能看到地球，成为了最佳信息二传手。

"鹊桥"个头不大，体重只有448千克。星上最醒目的是一把直径达4.2米的"巨伞"，这是世界上口径最大的太空通信天线，它为四姐的着陆器、巡视器与地面测控站之间的"地月隔空对话"提供了便利。

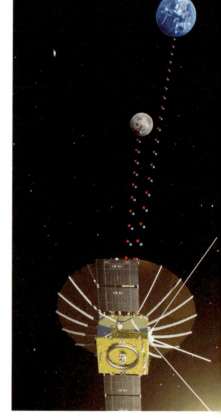

⬆ "鹊桥"中继通信示意图

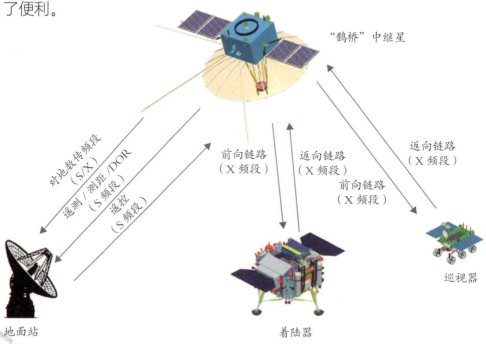

"鹊桥"中继星

对地数传频段（S/X）
遥测／测距／DOR（S频段）
遥控（S频段）

前向链路（X频段）
返向链路（X频段）
返向链路（X频段）
前向链路（X频段）

地面站

着陆器

巡视器

⬆ "嫦娥四号"通信系统示意图

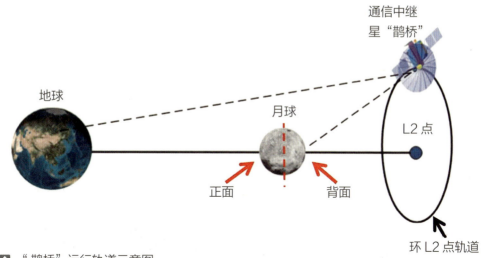

通信中继
星"鹊桥"

地球

月球

L2 点

正面　背面

环 L2 点轨道

⬆ "鹊桥"运行轨道示意图

地月拉格朗日 L2 点

拉格朗日点又称平动点，由瑞士科学家欧拉和法国数学家拉格朗日推算得出。处于该点上的小物体在两个大物体的引力作用下，小物体与大物体基本保持相对静止，即达到引力平衡状态。这样的平动点在地月系统中共有 5 个，其中 3 个在地月连线上，分别为 L1、L2、L3 点。L2 点位于地球和月球两点连线的延长线上，在月球背对地球的一侧，距离月球 6.5 万千米，距离地球 44.9 万千米，是地月引力平衡点之一。

"鹊桥"架设在围绕地月拉格朗日 L2 点飞行的轨道上，既可以同时与地球和月球背面进行信息和数据交换，又因为受地月引力作用平衡而保持相对稳定状态，从而节省卫星燃料（每年仅消耗 2 千克燃料），可长期驻留工作。

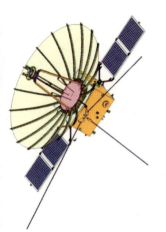

⬆ "鹊桥"中继卫星

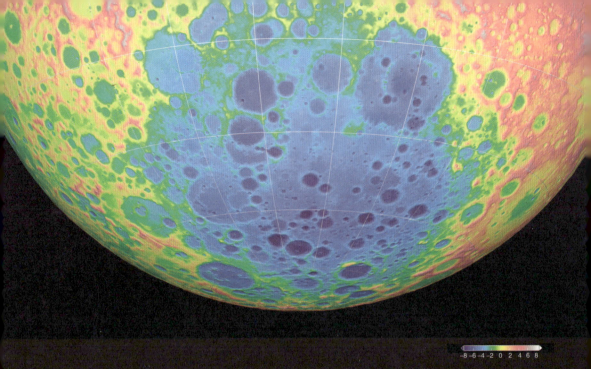

蓝色部分为月球背面南极−艾特肯盆地

4 我已到达冯·卡门环形山

　　月球背面比正面保留着更为原始的状态，对研究月球和地球的早期历史具有重要价值。2019 年 1 月 3 日，四姐历经 27 天艰辛旅程软着陆于月背南极－艾特肯盆地内的冯·卡门环形山。该盆地直径约 2500 千米，最深处约 16 千米，是太阳系内最大最古老的撞击坑之一，保存了原始月壳的岩石，具有极高的科研价值。

　　冯·卡门环形山的南部地势相对平坦，在着陆安全性、热控、光照、测控通信等方面较为有利，有可能成为未来载人登月的候选着陆点。

　　回顾整个人类探月史，除了 1962 年美国有一枚失灵的"徘徊者"月球探测器，没有发回任何信息就坠毁在月球背面外，人类的月表探测都发生在月球正面。

冯·卡门环形山

"嫦娥四号"着陆点

南极-艾特肯盆地

"嫦娥四号"着陆器 "玉兔二号"巡视器

⬆ "嫦娥四号"着陆点示意图

⬆ 冯·卡门环形山

瞪大眼睛

月球身上有"肿瘤"

　　经过多次对月球的探测，科学家已经确诊，月球体内有"肿瘤"。

　　科学家发现探测器在环绕月球运动接近月面的月海时，有时会发生莫名其妙的抖动和倾斜。难道这种令人担忧的不正常运动与月海有什么关系吗？经过严密的探测和多次验证，科学家判定这和月海下面高密度的异常物体有关。这种物体在月球体内就像"肿块"一样。因此，科学家称它为月球质量瘤，也叫"重力异常区"。月球正面发现了11个质量瘤，背面发现了2个。月球"肿瘤"是如何形成的呢？是"恶性"的，还是"良性"的？目前还不清楚。

　　四姐到达的艾特肯盆地下面就有一个大"肿瘤"，这个"肿瘤"总质量高达2180万亿吨，总面积达到了5.2万平方千米。科学家还在期待四姐对它进一步探测的结果。

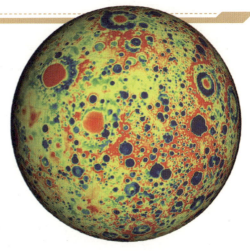

➡ 月球上红色的区域是重力异常区

5 小兔二乖乖

　　"玉兔二号"月球车（简称"兔二"）比"玉兔一号"有了很大的改进，在月球背面跑得可欢实啦，不过它的速度并不快，一分钟也就走 3 米多。当然，"兔二"并不是去飙车的，月面上没有像样的公路，路况很糟糕，"兔二"需要足够"聪明"，会边看路边考虑往哪里走、怎么走，在遇到大的障碍物时，还会请地面工作人员帮忙分析行走路线。

　　截至 2023 年 1 月 3 日，"打工" 4 年的"兔二"和着陆器已在月球背面度过了 1460 个地球日，创造了月面工作时长的世界纪录。据 2022 年 10 月的统计，"兔二"行驶里程 1460 米，获得了月球背面长度近 500 米、深度为 50 米的第一幅地质剖面图，还有关于月球矿物组分、空间环境等方面的宝贵数据。

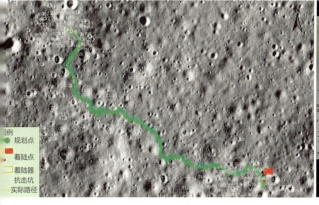

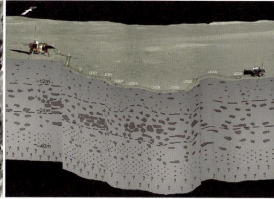

2022年1月6日，"玉兔二号"行程突破1000米
"玉兔二号"在月球背面行走

"玉兔二号"探测了月球地表深处的结构

 知识链接

我不是一只懒兔子

　　最近听到不少网友议论我偷懒，说我不仅晚上太阳刚一落就睡觉，连大太阳的中午也要睡觉。这可有点冤枉我了。你们不知道吧，科学家没有给我带汽油和发动机，我走路全靠两个小翅膀（太阳能电池板）吸收太阳能供电驱动轮子。到了晚上，虽然我也想多工作一会儿，但没有了太阳能，我就失去了电力，不得不睡觉。中午虽然阳光灿烂，但是月球上没有大气层隔热，中午时分月面温度会超过150℃，我没有那么好的热控能力，只能午休一下。其实保护好自己，不也是为了醒来后更高效地完成探测任务嘛。

　　我还要告诉你们一个秘密，别以为我晚上睡得早，我睡觉前的准备工作还是挺复杂的。我要尽量找一个斜坡，让我的翅膀对着第二天初升太阳的方向，以便第一缕阳光照在我的翅膀上时，就能唤醒我工作。所以，我不是一只懒兔子哟。

6 喜讯连连

"兔二"不断向地面传回大量珍贵数据，令科学家大喜。

在一个直径约 2 米的小型撞击坑中，它发现了一种反射着异样光芒的不寻常物质——胶状物，后来科学家经过研究，认为这是陨石撞击月球产生的熔融状态玻璃。

在巡视区，它给月球做了 CT，发现在地下 40 米范围内，存在 3 种不同地层单元：从月球表面到地下 12 米是细粒月壤层；13~24 米是碎石层；25~40 米是受到撞击溅射物沉积和风化产物层。首次 CT 的结果为月球背面地质演化研究带来新的启示。

在第 36 个月昼期间，它拍摄了一张距它 80 米处的方形"神秘小屋"的照片（媒体称之为"广寒宫"），一时间吸引了全世界的眼球。在进行了长途奔袭后（第 38 个月昼），"兔二"来到距离"小屋"不到 10 米的位置传输了第二张照片。科学家才发现原来这是一块形状奇特的石头，它不像一间房子，倒更像是一只吃萝卜的兔子。

◾ 2020年7月21日，"兔二"在一个撞击坑里发现了一种撞击熔化的角砾岩

⬆ "玉兔二号"发现的"神秘小屋"

⬆ "玉兔二号"发现的"石碑"

⬆ 原来"神秘小屋"是块兔子形状的石头

⬆ "玉兔二号"在月面留下的足迹

　　它还证实了月球背面局部地区有"迷你磁层",可以遮挡 50% 以上的太阳风。要知道,太阳风破坏力惊人,它携带的超高速带电粒子比射出的子弹速度还快 1000 倍,地球由于有强大的磁场使得这些带电粒子在几万千米的高空发生偏转,不会祸害地球,而没有磁场的月球可就惨透了。"兔二"发现月背存在局部磁场的消息,可以帮助人类正确选址,建立月球基地。

　　它还探测到月表有害的宇宙辐射比空间站外部高 2~3 倍,这为未来登陆月球背面的航天员防辐射装备提供了重要设计参考。

　　至今,"兔二"仍在月背上不辞辛苦地蹒跚行驶,虽然已经大大超出了它的设计寿命,但科学家还是希望这只长寿的兔子能够宝刀不老,继续为人类带来更多的惊喜。

九 五妹手持往返票，带回月球土特产

"嫦娥五号"是目前我国研制的最为复杂的航天器，它最大的贡献就是到月球上挖了 1731 克月壤带回了地球。和几位姐姐相比，五妹幸福多了。姐姐们拿的都是单程票，出发后谁也不能再次回到"娘家"，要么留在月球，要么去了更远的深空。而五妹手持往返票，月宫潇洒走一回后，还能捎点儿月球"土特产"，再次回到地球母亲的怀抱。

2020 年 11 月 24 日，"嫦娥五号"探测器在"长征五号"火箭的托举下飞奔月球。落月后，五妹使出浑身解数，在月面上又钻又挖，满载而归。五妹归来，标志着我国探月"绕""落""回"三期工程胜利完工。

⬆ "嫦娥五号"轨返组合体与上升器分离，返回地球

↑ "嫦娥五号"测试

1 "四合一" 王者装备

五妹是个大块头，重 8.2 吨，直径 4.4 米，高度 7.2 米，由四部分组成。

这四部分组合在一起时，看起来有点儿像一串糖葫芦，从上到下依次是上升器、着陆器、返回器和轨道器。它们在发射时组成一个整体；在飞行中，根据所处的任务阶段又会组合成不同的形式，比如着陆器和上升器"抱"在一起，就组合成了着上组合体，轨道器和返回器组合，就成了轨返组合体。

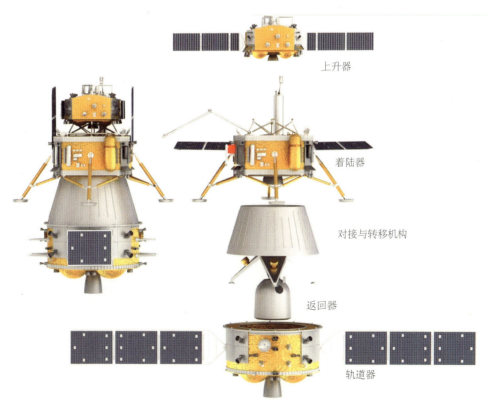

上升器

着陆器

对接与转移机构

返回器

轨道器

⬆ "嫦娥五号"结构示意图

2 堪比孙悟空多次变身

　　四器合一的五妹到达环月轨道准备落月了！它大展分身术——一会儿2+2，一会儿2-1，一会儿1+2，一会儿3-1，最后又变成了2-1。被搞糊涂了吧？还是看下面的图解吧。

● 第一步 2+2：

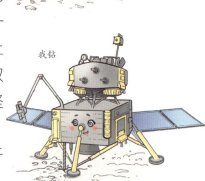

我挖

我钻

　　合在一起的四器两两分家：轨道器和返回器连在一起（即轨返组合体），继续环月飞行；着陆器和上升器组合在一起（即着上组合体），落向月面。

　　着上组合体落月后，着陆器开始工作，它先用钻头向下钻土，钻头上连着像长筒丝袜一样的口袋，钻出来的土通过细长的口袋进入上升器的储存罐里。五妹原计划向下钻2米，取土0.5千克，可是当钻到1米多深时遇上了坚硬的大石头，结果只取了0.231千克土。随后，它再用带有小铲的机械臂在月面上挖了1.5千克土，也用机械臂送入储存罐，最后盖盖封装。

⬆ "嫦娥五号"四合一组合体与火箭分离

⬆ "嫦娥五号"两两分家，轨返组合体绕月飞行，着上组合体降落月面

● 第二步 2-1：

着上组合体完成采样，并将储存罐装满月球样品后，上升器以着陆器为发射台，从上面起飞，着上组合体就此分离。上升器去和正在环月飞行的轨返组合体会合。完成任务的着陆器就作为"文物"留在月面上，等待后人前去观赏。

⬆ 着上组合体分开，上升器上升与轨返组合体会合，着陆器留在月面

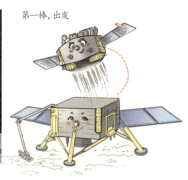

第一棒，出发

一路顺风！

⬆ 上升器携带月球样品与轨返组合体会合

● 第三步 1+2 和 3-1：

上升器飞到环月轨道上，与轨返组合体交会对接。虽然我国在载人航天领域，已经熟练掌握了近地轨道交会对接技术，但是，在38万千米外的月球轨道上进行无人交会对接，不仅在我国尚属首次，在人类航天史上也是第一次！趁着短暂对接的工夫，上升器把储存罐放入返回器中，这时，它的使命便结束了。为了不成为太空垃圾，妨碍后人的月球之旅，上升器与轨返组合体分离，受控落月。

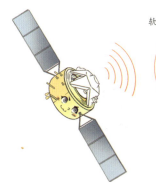

轨返组合体，请接我棒

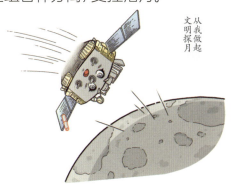

从我做起
文明探月

● 第四步 2-1：

轨返组合体获得储存罐后，开始利用轨道器上的发动机返回地球。经过约 4 天的疾驰，组合体到达地球附近。此时，轨道器奋力把返回器推进返回轨道，轨道器继续飞行，执行新的任务（剩余燃料还有 100 多千克，可以保证飞至日地 L1 点），只有返回器独自带着储存罐里的月球"土特产"回到地面。

⬆ 轨返组合体到达地球附近

接棒回家

最后一棒，
路上保重

听起来四兄弟的故事有点儿悲壮，为了宝贵的月球"土特产"，三个兄弟都以牺牲自己为代价，完成了星际快递接力赛的交棒，最后成全返回器完成了任务。

在地球上，快递小哥运送 2 千克的货轻而易举，但要从月球带 2 千克的东西回地球可相当不容易。

⬆ "嫦娥五号"返回器

想当年，苏联发射了 3 次无人取样探测器，由于当时没有掌握在月球轨道的无人交会对接技术，便采用了上升器从月面起飞直接返回地球的方案。为此，上升器需要携带大量燃料，从而导致携带月球样品的能力极为有限，3 次总共才取回 0.326 千克的样品，而五妹一次就取回了 1.731 千克！

⬆ "嫦娥五号"取回的月壤

美国、苏联和中国采集的月球样品统计表

发射时间	探测器名称	国家	类型	采集的月球样品质量
1969 年 7 月	"阿波罗" 11 号	美国	载人登月器	21.6 千克
1969 年 11 月	"阿波罗" 12 号	美国	载人登月器	34.3 千克
1970 年 9 月	"月球" 16 号	苏联	无人探测器	0.101 千克
1971 年 1 月	"阿波罗" 14 号	美国	载人登月器	42.3 千克
1971 年 7 月	"阿波罗" 15 号	美国	载人登月器	77.3 千克
1972 年 2 月	"月球" 20 号	苏联	无人探测器	0.055 千克
1972 年 4 月	"阿波罗" 16 号	美国	载人登月器	95.7 千克
1972 年 12 月	"阿波罗" 17 号	美国	载人登月器	110.5 千克
1976 年 8 月	"月球" 26 号	苏联	无人探测器	0.17 千克
2020 年 11 月	"嫦娥五号"	中国	无人探测器	1.731 千克

合计：美国 381.7 千克，苏联 0.326 千克，中国 1.731 千克

 考考你

判断这个说法对不对：

月球上的引力是地球引力的 1/6，因此探测器着陆月球用的降落伞，比着陆地球的降落伞要小 5/6 左右。

答案：错误

降落伞是利用空气阻力，使人体或物体缓慢降落到地面的工具。它通常有一个面积很大的伞盖，打开后与空气的接触面积瞬间变大，可以产生很大的空气阻力。当阻力减弱了重力影响时，就起到了减速作用。而月球上没有空气，是个真空的世界，所以无论你使用多大的降落伞，全都无效。

要想在月面上软着陆，只能使用反推发动机装置。当探测器在一定高度以自由落体形式被月球引力拽向月面时，让发动机点火以反推力"托"住探测器慢慢减速，直到离月面 4 米高时，关掉反推发动机，让探测器自由下落。由于探测器的几条腿都有着陆缓冲装置，所以落地时不会摔坏。在"嫦娥三号"落月前，全球仅有苏联和美国成功实施了 13 次无人月球表面软着陆。

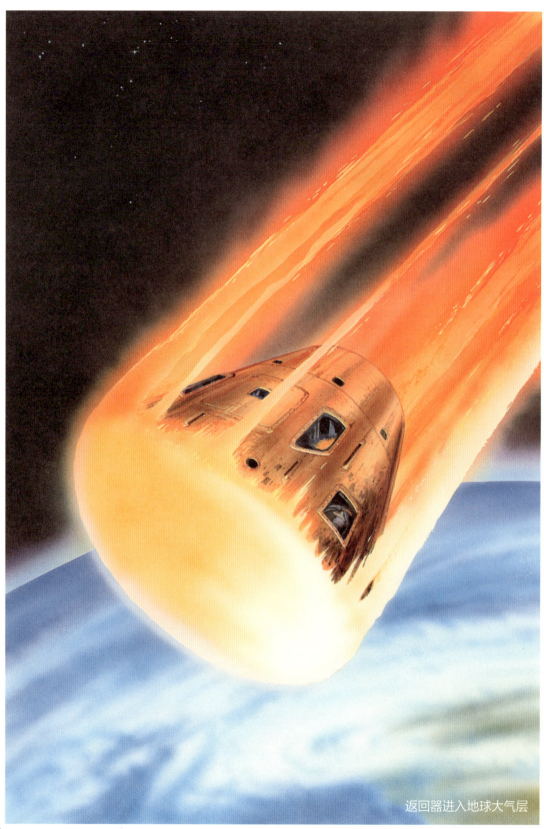

返回器进入地球大气层

3 在大气层"打水漂"

想回娘家可不容易，返回器从月球轨道回来时速度太快，1秒钟就飞出11千米多！进入地球大气层时与空气剧烈摩擦会产生3000℃以上的高温。为了不把返回器烧坏，科学家让它先以较小的入射角掠入大气层顶，依靠大气阻力进行第一次减速，并借助大气层提供的升力弹跳出大气层，接着在大气层外滑翔一段距离，随后第二次进入大气层，再次依靠大气减速。这架势就好像我们在水面上打水漂一样。在大气层"一出一进"，可以消耗掉返回器的部分能量，从而减小着陆速度，有利于返回器降低超高温度和超高过载。当返回器距离地面10千米时，降落伞打开，返回器安全着陆。整个过程大约15分钟。

2020年12月17日，"嫦娥五号"返回器怀抱1.731千克月球"土特产"，在内蒙古四子王旗预定区域安全着陆，圆满完成我国迄今为止最复杂的航天任务。

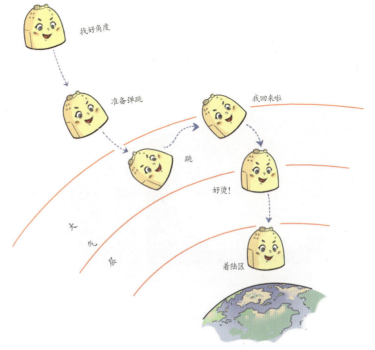

111

4 月球"土特产"落户中国

五妹在哪里挖土？首先，它要对目标的地形、地貌、光照和通信等因素进行综合考虑；其次，为了获得有独特科研价值的样品，它还要避开美国和苏联曾经采样的地区。

最终，五妹选择在风暴洋西北部的吕姆克山脉附近挖土。这里存在大约 20 亿~13 亿年前的玄武岩，探知这些玄武岩的年龄，有助于推进对月球火山活动和演化历史的认识，而且从来没有探测器去过。因此当美国科学家一得知中国得到了这一地区的月壤，就热情地前来索要样品。

从月球带回的"土特产"包含微细的矿物颗粒、岩石碎屑和玻璃质微粒等，它们都是月球遭受流星体撞击、太阳风轰击和宇宙射线辐射等空间"暴力"影响，风化后形成的。通过它们既可以了解月球的地质演化历史，也可为了解太阳活动等提供必要的信息。

国家规定：月球样品原则上分为永久存储、备份永久存储、研究和公益四种基础用途。截至 2022 年 8 月，已有 67 家科研机构和大学获得月球样品并开展了科学研究工作。2021 年 2 月 27 日，100 克月球"土特产"在中国国家博物馆隆重展出，它们被放在青铜器"尊"造型的透明器皿里，快去看看吧！

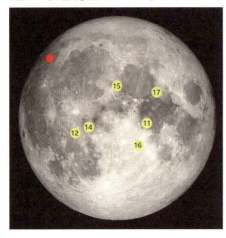

⬆ 红色为"嫦娥五号"着陆点，黄色为"阿波罗"11 号至"阿波罗"17 号登月飞船着陆点（"阿波罗"13 号没有登月）

⬆ "着上组合体"模型（左），带回月壤储存罐的返回器实物（右）以及降落伞实物（后）

↑ 月球样品001号入藏中国国家博物馆供公众参观

花样取土"杂技"

　　到月球上采样返回，是人类零距离了解月球的重要手段。到目前为止，人类发明过多种采样返回方式，分别是铲、挖、钻、轰和捞，其中前三种都在月球上成功地试验过。美国使用了人工铲、挖、钻，苏联和中国采用了机器人铲和钻。有意思的是，日本的"隼鸟号"和"隼鸟2号"到地质坚硬的小行星上采样，由于小行星引力小，探测器根本站不稳，"隼鸟"们就用发射枪弹、炮弹的办法，打碎小行星表面，然后探测器迅速下降，抓取溅起来的碎石子和尘土。这个"损招"还小有收获，一个带回了1500颗尘埃，一个收集了5.4克样品。更有甚者，美国的"星尘号"去探测一颗彗星，采用了特殊的低密度气凝胶收集器，方法类似于用网迎风捞，结果还真捞到了彗星尾部的7颗彗尾粒子。

➕ 谁说月球 "引力" 小

　　可以把月球设计为地球的"后院"吗？未来一定可以!

　　我们可以将那里建成最大的能源供应基地、稀有矿生产基地、天文观测基地、宇宙交通枢纽基地、太空旅游基地……在人类面临着地球上日益严重的环境污染、能源短缺和人口压力的时候，月球上可观的资源开发利用前景和重要的军事战略地位，吸引了众多国家的关注。

◀▶ 未来月球基地构想图

 月球天文台构想图　　　　　　　　 月球机器人采矿

1 月球"钱景"惊煞人

月球上的财富已经"沉睡"了 46 亿年，在开发月球的问题上，联合国制定的原则是：谁先开发，谁先利用，谁先获益。人类只有摸清月球宝库的家底，才能谈得上开发和利用这些财富。

● 军事战略的制高点

月球距地球的平均距离为 38 万千米，是地球天然的、永久的同步通信卫星，是太空战的新战场，是深空探测的新平台、中转站。

● 获取能源、矿藏的好地方

月球表面无风，无雨，无阴天，有丰富稳定的太阳能。科学家设想，让机器人利用月壤的有效成分，通过 3D 打印制成太阳能发电板，然后围绕 11000 千米的月球赤道做一个 400 千米宽的太阳能发电带，每年将产生 13 万亿千瓦太阳能。借助微波或者激光，把太阳能传输到地球，转换成电能，那么地球上就不需要其他能源了，人类可以结束挖煤、开采石油的时代。

↑ 月球基地构想图

月壤中富含一种可通过核聚变发电的清洁能源——氦-3。据"嫦娥一号"探测估算，月壤中的氦-3资源总量可达110万吨，如果用来发电，将满足人类社会1万年以上的用电需求。据资料统计，当下我国一年消耗的石油约为7亿吨、煤约为29亿吨，此外还要依靠天然气、风力、太阳能等来发电。如果使用氦-3发电，8吨氦-3就足够中国一年的能源消耗。

月球上分布着大量玄武岩，玄武岩中蕴含丰富的钛铁矿，是炼特种钢的好原料。月球上钛铁矿的总资源量约为150万亿吨，质量堪比中国四川攀枝花出产的钛铁矿。

↑ 未来氦-3生产装置

● 特殊环境的优势

　　月球是高真空、无磁场、地质稳、弱重力、高洁净、无干扰的地方，非常适宜建立天文观测站，建设研制生物制品、药品和新材料的基地。地球上有很多产品，像特殊材料和药品的制作，都需要创造一个超高真空的条件，月球上的超高真空环境非常符合这一要求。

　　三姐在月球上面放了一个望远镜，用来巡视整个银河系，由于排除了地球上的干扰，这台望远镜有了很多新的发现。

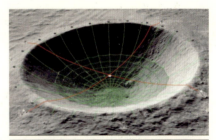

⬆ 月球环形山射电望远镜概念图
⬆ 月球基地构想图

● 月球两极可能有水

　　由于月球独特的自转倾斜角度，在月球的南北两极有阳光永久冷落的阴影区，保存着月球形成初期的水冰。那里有超过40个直径为2～15千米的陨石坑存在水冰，水

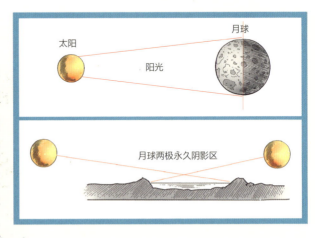

冰的厚度不一，但据科学家估计至少有6亿吨！

　　假如把这些水冰开采出来，地球人到了月球上就有了水。现在如果带1千克水到月球上，需要花25000美元。

月宫找水新发现

月球上到底有没有水？这是科学家长期研究的话题。

最近，我国"嫦娥五号"探测器又有了全新的重大发现。

"嫦娥五号"2020年11月24日奔向月球，12月1日在月球风暴洋北部地区着陆，它所携带的"月球矿物光谱分析仪"在月球表面原位直接进行了探测，而在此之前得到的数据都是从遥远的月球上空远望观测的数据。

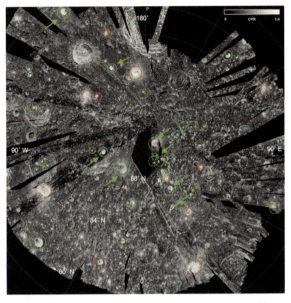

⬆ 绿色标记显示的是月球北极含有水冰的陨石坑

这个仪器通过光谱观测分析出的结果是：1吨月壤中大约含有120克水，1吨月岩中大约含有180克水。不过这个"水"并不是我们见到的液态水或冰，它藏在月壤和月岩的矿物成分里，在一定条件下才能转化为水。

看到这里，很多人会认为这是个坏消息，因为这点水就是和地球上干燥的沙漠相比都少得可怜。沙漠中1吨沙子的含水量一般在两千克到十几千克，而月壤中的水还不到沙漠含水量的1/10，真是比"寸草不生"还要惨。

其实不然，月壤和月岩的水含量有区别，或许是一个很关键的发现。因为月壤中的水绝大部分源自太阳风的"带货"，在漫长的时间里，太阳风刮来的氢元素与月壤里的氧元素结合，出现了水分子，这是物理意义上的水资源。

而1吨月岩中的水分比1吨月壤中的水分多出60克，多出来的水又来自哪里？科研人员推测，多出来的水是真正意义上月球本身的水资源，它们可能来自月球诞生之初的水冰。这意味着，如果对月球深层进行探索，极有可能寻找到水资源。

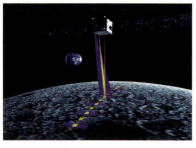

⬆ 欧洲航天局月球探测器"智慧1号"探测月球表面的示意图

⬆ "智慧1号"环月飞行艺术想象图

⬆ 日本"月亮女神"月球探测器

⬆ 2007年11月7日，日本"月亮女神"拍摄的地球从月球南极附近缓慢下落的图像

2 各国都有"红眼病"

看着月球有这么多的宝藏，凡是有能力的国家都纷纷前去探宝、找宝。毕竟联合国规定，谁先开发，谁先利用。

2003年9月28日，欧洲"智慧1号"月球探测器发射升空。它利用先进的探测仪器，绘制了详细的月球矿物质和化学元素含量图。

2007年9月14日，日本发射"月亮女神"月球探测器，携带14种探测仪进行全月球勘测，包括月球的元素组成和矿物分布，月面的地形地貌、重力场、磁场，同时试验未来开发月球所需掌握的基本技术。

2008年10月22日，印度"月船一号"探测器发射，它携带11种仪器在距离月球100千米的环月轨道上探测月球表面镁、铝、硅、钙、铁和钛等元素的分布情况；它还释放了一颗撞击器撞击在月球南极，撞击器从释放到撞击不断传输拍摄的图片，目的是为印度选择未来月球车的着陆地点。原计划着陆月球的"月船二号"探测器于2019年7月22日发射，但在距月面只差2.1千米时失联，坠毁在月球上。

↑ 印度"月船二号"探测器

2019年2月21日，以色列"创世纪号"月球探测器升空，好不容易进入着陆程序，但在距离月面还差149米时不幸坠毁。

↑ 以色列"创世纪号"月球探测器示意图

◎ 瞪大眼睛

它们死了吗

水熊被认为是世界上生存能力最强的生物之一。不论是151℃的高温，还是−200℃的超低温；不论是强大的电磁辐射，还是恐怖的压力；甚至在极度缺水、没有氧气的情况下，它们都不会马上被杀死。它们的超级本领是装死，等到环境适宜时就会活过来。

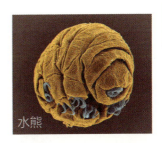

水熊

2019年4月，以色列的"创世纪号"月球探测器着陆失败，坠毁在月球上，可它携带了一些水熊。以色列原本想测试水熊在极端条件下的生存能力，没想到这回更极端了，直接变成了高速

撞月的恐怖事件。如今，人们很想知道这些水熊是死是活，同时也很关心如果这些小家伙死了，那它们究竟是死于剧烈的撞击，还是死于月球上恶劣的环境？如果它们没死，会不会在月球上繁衍？

3 月球取水想高招

怎样获取月球上的水？科学家想了高招。

一是水冰转水；二是化学取水。

水冰转水，是在月球两极区有水冰的陨石坑边缘高坡上，架设大型聚光镜，把太阳光反射到坑底的水冰上，直接加热水冰，释放出液态水。然后在陨石坑边上架设大型起重机，将机器人和运输工具放到坑底，由机器人把液态水放入运输工具，起重机将水提升到坑外进行净化处理并贮存起来。

然而，人类在现有技术条件下实施上述步骤还异常困难。首先是深坑内没有任何光照，靠太阳能电池工作的机器人显然无法开展工作；其次，深坑中的温度低至 −247℃甚至更低，现有的电子器件和结构材料在如此低温条件下会被冻坏。所以，在短期内月球两极这些深坑中的水冰，并不能解决未来月球基地的水源供应问题。

化学取水法是个更为简单易行的办法。即通过氢气在高温下与钛铁矿发生氧化还原反应制备出水。这种方法工艺简单，在地球上的运用已经十分成熟，可以较为容易地移植到月球上。月球上含有丰富的钛铁矿，可以作为生产水的原料，而氢气则可以从月壤中丰富的太阳风气体中提取。

⬆ 月球太阳能手电筒探冰创意图

⬆ 中俄签署协议，联手建立月球基地

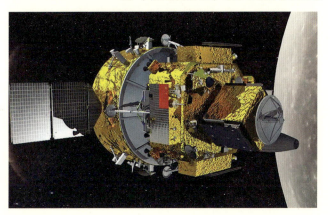

⬆ "嫦娥七号"探测器效果图

4 嫦娥妹妹大有作为

"嫦娥五号"抓土返回后，国家对后续任务又做了新的安排，五妹将增添几个妹妹。

2022 年 11 月，国家决定在完成了"绕""落""回"三期工程后，开始实施探月四期工程："嫦娥六号"于 2025 年前后发射，计划在月球背面采样返回；"嫦娥七号"于 2026 年前后发射，计划开展月球南极的环境与资源勘查，并为国际月球科研站建设奠定基础；"嫦娥八号"于 2028 年前后发射，届时，"嫦娥八号"和"嫦娥七号"将建成我国月球南极科研站的基本型。2035 年左右，我国将联合世界其他国家建成月球国际科考站。

5 月球基地欢迎你

　　近几年来，美国科研团队经过对太阳系天体的研究，提出了行星宜居指数的概念。按照指数排行，土卫六最高，为0.64，其后分别是火星（0.59）和木卫二（0.49），而月球几乎为0。从这些数据可以看出，月球不是一颗宜居的星球。

　　但是，由于位置和资源的优势，未来人类可以通过建立月球基地逐步改变月球局部环境。人们可以就地取材，直接用月壤和月岩在月球表面搭建窑洞式的房屋，这种房屋看起来简陋，但它既可以解决昼夜温差较大的问题，又可以起到防护宇宙辐射的作用。虽然月壤对地球上的农作物很不友好，连氮这样的基本元素都无法提供，但人们可以从地球引入一些可改良月壤的微生物。科学家发现，地球上是存在能在极端环境下生存且能使土壤富有营养的微生物的。

　　其实"嫦娥四号"上就安置了一个"微型生态圈"，选择了棉花、油菜、土豆、拟南芥、酵母和果蝇等生物作为样本，将他们的种子和虫卵带到月球上培育。在月球上，真的有来自地球的植物发芽了！

⬆ "嫦娥四号"携带的微型生态圈

⬆ "嫦娥四号"搭载的棉花种子发芽了

⬆ "嫦娥四号"上种植的蔬菜长苗了

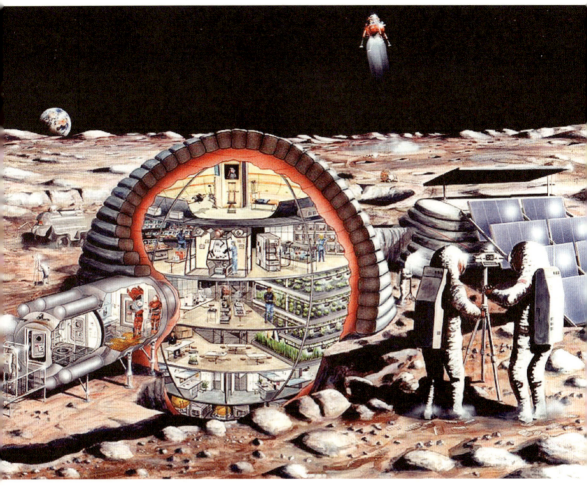

⬆ 未来月球家园

　　不管怎样，当下的月球环境还很荒凉，生活必需品要靠
从地球上运过去，因此研发安全高效、成本低廉的地月运输
方法至关重要。

　　假如未来能够方便地向月球源源不断地运送货物，那么
月球的宜居指数将会显著提高，到那时，在月球上建造高级
旅馆甚至月球城便不是什么难事，通过这条天际运输线，月
球的各种矿产资源也能为地球人类所用了。

　　月球基地等着你来建设！想好了吗？你准备干点儿啥？

苏联科学家康斯坦丁·齐奥尔科夫斯基曾经说过："地球是人类的摇篮，但是人类不能永远生活在摇篮里。"

探索月球是人类走出地球、探索浩瀚宇宙的第一步，在这条道路上中国人将走得更远，更远……

中国科学院老科学家
科普演讲团　简介

　　中国科学院老科学家科普演讲团（以下简称"演讲团"）成立于 1997 年，主要团员为中国科学院的退休研究员，也有高等院校以及国家各部委的专家、教授。此外，还吸收了一些热心科普事业的优秀中青年学者。演讲团以弘扬科学精神、倡导科学思想、传播科技知识为己任，演讲内容涵盖现代科学技术的主要领域。

　　演讲团成立 20 多年来，受到了中国科学院、中国科学技术协会、北京市和各地政府部门、科协组织以及民间团体的亲切关怀和热心支持，足迹遍及全国各省、自治区、直辖市的 1700 多个市、县。截至 2022 年 12 月，演讲团已进行 36300 多场演讲，听众约 1321 万人，其中有大、中、小学学生和教师，有领导干部，有部队官兵，有政府公务员和社区居民。演讲团团员本着认真负责、严谨务实的精神，力求使每一场演讲富有知识性、科学性和趣味性，引发和培养听众热爱科学、亲近科学的兴趣，使听众在轻松、和谐、愉快的氛围中，真切地体会到"科学就是力量""科技就在身边"。

　　演讲团的工作受到社会各界的广泛关注和高度评价。演讲团于 2003 年被评为全国科普工作先进集体，2007 年荣获全国科普教学银杏奖，2011 年被评为首都市民热爱的品牌科普团，2018 年获得了"典赞·2017 科普中国"十大科学传播人物特别奖，2023 年入选"典赞时刻·2022 首都科普"年度科普团队。

　　科技创新和科学普及是实现创新发展的两翼，演讲团任重道远，期待与社会各界建立更多更密切的联系，以热情、认真、严谨、高质量的工作，回报社会的厚爱。